香港及華南地區樹木圖志

繪畫
奔雅 *(Sally Grace Bunker)*

文字
桑德士 *(Richard M. K. Saunders)*
彭俊超 *(Chun-Chiu Pang)*

香港及華南地區樹木圖志

繪畫：奔雅 (Sally Grace Bunker)

文字：桑德士 (Richard M. K. Saunders)、彭俊超 (Chun-Chiu Pang)

ISBN-13: 978-988-8769-61-2

Translation by Steven Chan

SCIENCE / Life Sciences / Botany

EB168

Published by Earnshaw Books Ltd. (Hong Kong)

目錄

序

斯蒂芬・布萊克莫爾教授 (Professor Stephen Blackmore)

—— ∽ ——

「在某些人眼中，樹木可以令人喜極而泣，但也可以只是一件擋路的綠色物件。
有些人看到自然界的嘲笑和畸形，可是我不會因此改變身體的比例；有些人根本
就看不到自然界，但在有想像力的眼中，大自然就是想像力。人本身如何，他就
如何觀照世界。」

威廉・布萊克 (William Blake)，《書信》(*Letters*) (1906年)

　　本書具啟發性，讀者想必眼界大開，認識樹木的美和重要之處。樹木默默在
我們生活背後成長，塑造陸地環境，為陸地逾一半的動物物種提供棲息地。樹
木補充我們呼吸所需的氧氣，鎖住了碳，促使溪流和江河全年流動。此外，樹
木還提供數之不盡的有用產品，包括水果、飼料、藥物、樹脂和木材。
　　香港是全球其中一個人口最稠密的地方，人口約為740萬，佔全球人口約
0.1%，但是樹木資源卻相當豐富，令人嘆為觀止。值得一提的是，香港有390種
本土樹木，還有更多樹木出於各種目的而引進，新的物種仍時有發現。近在2014
年，植物學家在紫羅蘭山發現一種原產於香港的香港鵝耳櫪 (*Carpinus insularis*)
，亦是科學界發現的全新品種，數量稀少。該樹種已經繁殖開來，並加以培
植，以便日後強化野生種群，有助在未來加以保護。尤其是現在看到樹木和森
林的多樣性和價值的人越來越多，日後新的發現或會接踵而來。
　　事實上，香港樹木品種眾多，所以樹木識別是一項重大挑戰。本書有助大家
克服障礙，讓更多人體會到認識樹木的樂趣。上世紀60年代，我仍是個初露頭角
的植物學家，那時住在香港，可以參考的資料很少。香樂思 (Geoffrey Herklots)
的《野外香港歲時記》(*The Hong Kong Countryside*) 可謂彌足珍貴的著作，更是我
認識某些樹木乃至其他事物的資料來源。幸而今天情況已經大有改進，不少攝
影圖鑑都唾手可得，加上香港政府轄下的漁農自然護理署已經出版了四卷非常
專業的《香港植物志》，所以樹木識別也比以往容易得多。
　　識別和命名樹木固然是個重要的開端，但是渴求知識的讀者都希望更進一
步，認識更多。本書能滿足讀者所需，很大程度歸功於三位作者，他們的專業
知識出眾，能互相補足，工作展現創意，玉成這部優秀佳作。首先，奔雅精美
的水彩畫可謂植物藝術的傑作。繪畫是一門學問，除了需要良好的視力和穩定
的手感，還要具備耐性，在四季裡反覆觀察和記錄每件標本。當樹木進入生命
某階段，畫家便要耐心坐著等候，預留充足時間作畫；有些時刻轉瞬即逝，必
須在轉瞬即逝的一剎那捕捉到。優秀的植物藝術家能捕捉植物的神髓，將關鍵
細節和特徵畫在一起，呈現的方法連照片都無法比擬。其次，本書精心挑選逾
百種見於香港和周邊地區各種生境的樹木，敘述其中故事，並介紹各科植物的
多樣性和生存策略。雖然選擇的範圍與尼爾・麥葛瑞格 (Neil MacGregor) 的《看
得到的世界史》(*A History of the World in 100 Objects*) 不盡相同，但彼此也有相通
之處。樹木的介紹涵蓋了植物學、地理、探索史、世界各地有用樹木的發現和
分佈、分類、生態，以至烹飪、藥用等不少相關的文化底蘊。這些故事闡明樹
木如何以奇妙方式克服挑戰，紮根當地：樹木會抑制競爭性鄰居的生長，有時

會和遙遠的物種成員交換基因，並將種子和果實散佈到新的合適地點。樹木是我們周圍世界的積極參與者，而非被動的組成部分，所展現的美態和個性值得讚許。

　　要在這場盛宴中挑選最喜歡的品種可能不太合適，但木棉 (*Bombax ceiba*) 驚豔的花朵，讓我回想到1963年居住的肇輝臺公寓，棉花樹拂過臥室窗戶，樹枝嗡嗡作響，震耳的蟬鳴聲不斷，實在難以名狀，後來棉花從果實中迸裂而出，覆蓋地面，景象神奇得很。樹不久之後就砍掉了，讓路予新的發展，當時看來，城市不斷擴張，摩天大樓越蓋越多，香港的樹木似乎終有一天會消失殆盡，正如本書導言所述，18、19世紀的西方自然學家描繪的荒涼畫面，呼應著帕默斯頓勳爵的一番譏諷：「一塊荒蕪的岩石，上面沒有房子。永遠不會成為貿易集散地。」可喜的是，對於現在所謂的「生態服務」而言，森林相當重要，故促成郊野公園的建立。今天，由於郊野公園的成立和其他土地管理的變化，香港有一片片廣闊的森林。對我來說，這種巨變為世界樹立充滿希望和和急需借鏡的榜樣。我們現在知道如何憑著足夠的努力和專業知識，恢復退化景觀的生態健康。人類的事業和努力不一定是破壞大自然的同義詞，即使世上其中一個最蓬勃的貿易中心亦非如此。過去我們常常不理解自己是自然界其中一個組成部分，但現在已經認清現實，換句話說，我們無法在沒有大自然的世界裡生存，就像我們的頭腦一樣，如果沒有身體，也無法生存。

　　這本書可以取悅那些看到樹木便會喜極而泣的讀者，但即使那些把樹木當成擋路綠物的人，相信也不可能不為之感動。假如帕默斯頓勳爵收到這本書，不知道他會說甚麼呢？

國際植物園保育協會主席
英女王御用植物學家
愛丁堡皇家植物園榮譽研究員
斯蒂芬・布萊克莫爾教授 (Prof. Stephen BLACKMORE) CBE VMH FRSE

作者序

—— ɞ ——

> 「花卉並不能填滿生活，但會裝飾大型角落，否則便會遭到蜘蛛網佔據；研究花
> 卉時，思想家會接觸到自己的同類；有時會對他說故事……」
>
> 約翰•特雷維納 (John Trevena)，
> 《野花間的冒險》(*Adventures Among Wild Flowers*) (1914年)

　　樹木是香港城市景觀和郊野公園的顯著組成部分：除了390種本地樹種外，香港還引入了許多外來樹種，栽種在種植園內，或成為公共花園和路邊的觀賞植物。儘管樹木在體型和數量佔優，但容易遭到輕視和忽略。

　　本書旨在呼籲本地的樹木植物群，並利用插圖和附加文字說明作個別解述：每個樹種都有其「故事」，具備比較的重點。不少敘述均聚焦於人類，從樹木的發現、命名和栽培歷史 (如洋紫荊*Bauhinia purpurea × variegata 'Blakeana'*)，到用途—通常作為種植樹 (如濕地松*Pinus elliottii*)、防火帶樹木 (如台灣相思*Acacia confusa*)、裝飾品 (如木棉*Bombax ceiba*)、食物來源 (如龍眼*Dimocarpus longan*) 或藥物 (如八角楓*Alangium chinense*)。由於不可持續的採伐，加上棲息地遭到破壞，人類活動對我們的樹木植物群產生深遠影響，保育問題是本書反覆探討的主題。上世紀70年代末，松木線蟲 (*Bursaphelenchus xylophilus*) 意外傳入香港，成為外來物種造成生態破壞的一個有力例子：線蟲傳播「松樹枯萎病」(pine wilt disease)，破壞我們唯一的本地松樹物種馬尾松*Pinus massoniana*的種群，並對本地景觀造成深遠和長期的影響[2,3]。

　　一如期望，本書許多敘述都集中在植物結構上，尤其是花果形態。達爾文在其開創性的著作《物種起源[4]》中提及「為生存而鬥爭」(struggle for existence)，生物為了生存和繁殖而相互競爭，亦與環境競爭。這種生存鬥爭在植物和動物亦同樣相關，通過自然選擇，成為演化改變的動力。如果不認識花的授粉方式，就不可能理解花卉結構龐大的多樣性，亦不能解釋動物授粉物種具備的特徵如何吸引和獎勵訪花者。如楓香*Liquidambar formosana*的風媒物種難免會長出不明顯的花朵，與動物授粉物種通常華麗的花朵形成明顯的對比；後者還表現出的龐大結構多樣性與不同的授粉者息息相關，包括蝙蝠、鳥類，以至甲蟲、薊馬、蒼蠅、蜜蜂和蝴蝶等昆蟲。在某些情況下，花和授粉者進行共同演化的分工，當中的細緻程度更達到了極致，以至形成彼此依存的關係，在這種情況下，如果其中一方不能參與其中，兩個物種都無法生存或繁殖。榕屬植物 (如*Ficus variolosa*) 也許是這種複雜的「互利」關係的最好例子：每個榕屬的物種通常由單一種類的無花果黃蜂 (*Agaonidae*科) 授粉，共同演化導致了無花果和黃蜂的形態變得極為特殊。

　　本書的另一重點是植物的各種繁殖策略，植物會促進不同個體之間的繁殖，而非靠著同一朵花或來自同一個體上不同的花朵來繁殖，從而增加遺傳的多樣性。有些物種會通過性別分離來達致目標 (方式不外乎是「雌雄異體」和「雌雄同體」，前者例子包括血桐*Macaranga tanarius*和露兜樹*Pandanus tectorius*，樹木分為雄性和雌性；而後者的例子有黧蒴錐*Castanopsis fissa*和楓香*Liquidambar formosana*，同一棵樹上會分別長出雄花和雌花。)。為了促進個體之間繁殖，有

些物種會採取另類的演化策略，例如個體會有不同性別的花 (如龍眼*Dimocarpus longan*)，或會在同一朵花內長出雌雄器官 (如鳳凰木*Delonix regia*和鴨腳木*Schefflera heptaphylla*)，並隨時間交替成熟。有些物種的花器官則會隨時間移動、枯萎或掉落 (如鳳凰木*Delonix regia*)。

花朵形態的多樣性對受精後從花生長出來的果實的結構有相應影響：雖然一朵花通常都會直接發育成一枚果實，但有些物種 (如楓香*Liquidambar formosana*和露兜樹*Pandanus tectorius*) 的花簇會發育成一個聚花果，而在其他物種 (如濱海槭*Acer sino-oblongum*) 中，花會在成熟時會單獨發育成幾個不同單元的果實。不同的果實和種子為了應付不同的傳播機制，發展出不同的形態，例如出現一些適應特徵，從而協助透過風力 (如大頭茶*Polyspora axillaris*) 和水力 (如黃槿花*Hibiscus tiliaceus*) 運送繁殖體，而透過動物傳播的果實，也具備吸引不同食果動物的適應性 (最常見的就是果實多肉和含有豐富糖分)。

植物多樣性和演化方面的研究是一項相當活躍和充滿活力的科學工作，都常都會涵蓋各種各樣的資料來源。當代的研究通常包括生物體脫氧核醣核酸(DNA)分子變異方面的比較研究。DNA是細胞中遺傳訊息的載體，當中 (以核苷酸替換的形式進行的) 隨機突變會隨著時間累積，因此演化史上較早分化的物種或會累積更多的差異。現在，DNA測序技術能夠對這些差異加以比較，並用於重建分類群的演化樹 (系統發生樹)，顯示分化事件發生的順序。如果利用已知年代的化石對系統發生樹的時間加以適當校準，便可以進而估計演化和分化可能發生的時間 (以百萬年計)。這類研究對植物分類的理解產生了一些重大變化：就香港的樹木植物群而言，我們因此發現本地常見的「*Gordonia*」物種不屬於*Gordonia*屬 (現在認為只見於北美)，而應該歸為*Polyspora*屬以下的大頭茶*Polyspora axillaris*。舉例而言，楓香*Liquidambar formosana*自成一屬，該屬展現出東亞和北美之間生物地理斷層，相當有趣。斷層之所以形成，是因為物種在中新世晚期 (1700-1500萬年前) 通過陸橋從亞洲散佈到北美洲。

本書對上述不同的敘述進行有序討論，並採用了兩個半世紀以來一直沿用的國際標準科學命名法。本書使用的植物物種名稱，與香港政府漁農自然護理署出版的四卷本《香港植物志[7]》採用的名稱大致相同。在許多情況下，有些物種有多個名稱 (背後原因包括重複描述造成錯誤，或者存在分類學上的分歧)。我們未有試圖建立全面的同義詞清單，並只會採用區域文獻常用的物種名稱，這些文獻包括喬治・邊沁於1861年出版的《香港植物誌》(*Flora Hongkongensis*)[8]；Henry F. Hance於1872年出版的對Bentham著作的補充[9]；以及Stephen T. Dunn和William J. Tutcher於1912年出版的《廣東和 (中國) 香港植物志[10]》。在某些情況下，我們未必會採用《香港植物志》的植物科名，並傾向於採用符合目前演化多樣化知識的被子植物APG分類法[11,12,13,14]。拉丁文名稱和引用方法會令人感到困惑，但是這些資料對維持有效交流大有幫助；本書的導言亦會簡述國際公認的植物命名規矩和守則。

書中的水彩畫來自畫家對香港活體樹木的直接觀察，而觀察過程亦盡可能在植物的原生境裡進行。畫家須對每一棵樹作反覆考察，確保在不同季節發展出的結構—例如花和果實—都能在同一幅畫內呈現出來。大部分插圖均包括單個的花和果實，以及解剖後可觀察得到的組成器官，包括花的萼片、花瓣、雄蕊和心皮，以及果實內的種子。由於物種之間在特徵上存在巨大差異，因此我們未有嘗試在每幅圖裡面呈現統一的器官外觀。每幅插圖亦附上一幅黑白鉛筆素描，勾勒樹木的整體結構，展現往往都各有特色的分枝形態和樹冠形狀。樹皮形態則透過在樹幹上直接以鉛筆「摩擦」而成的圓圖來呈現。

　　我們希望插圖和文字解說有助激發大眾對本地樹木的興趣。我們致力確保本書在提及一切事實和假設時，都會充分對照參考相關科學文獻，方便有興趣的讀者深入探求。我們努力避免過分依賴專業植物學術語，但為了明確傳達資訊，有時難免要使用術語，因此我們也準備了一個基本科學術語的詞彙表。

　　我們非常感謝羅恩‧希爾教授 (Prof. Ron HILL) 和兩位匿名評審的意見，他們的真知灼見大大改善了本書的內容。我們也感謝斯蒂芬‧布萊克莫爾教授　(Prof. Stephen BLACKMORE) 慷慨為本書撰寫文筆秀麗的序言。

致謝

非常感謝太古集團慈善信託基金資助製作本書，特別是陳婷婷女士給予的支持。

感謝世界自然基金會香港分會的Bill Flanz和Markus Shaw，他們把Sally介紹給其他作者，推動這個項目的開展。感謝Sally的丈夫Bob Bunker在整個項目中給予的大力支持。感謝Ron Hill教授和兩位匿名審稿人給予的修改建議，令文本更精準。感謝Steve Blackmore教授撰寫了精彩前言。同時，還要感謝Paul Melsom為我們找出各類樹種；感謝Brian Tilbrook在Sally的藝術創作路程給予的所有鼓勵。

Sally特別感謝Lorette Roberts，引導她成為一名植物藝術家；並感謝英國植物藝術家協會、Clive Rigby，以及William和Edward Bunker給予的支援。

Richard和Chiu感謝他們的妻子Sue和Vivienne一直以來的支持。

導言

—— ❧ ——

香港的樹木植物群

「我們在早上起錨，駛向中國海岸……我們的右邊是Lantoa (大嶼山)，左邊是
Limes (Lema Islands) 的南島：海水形成高高的波浪，從島嶼捲過來，島嶼上綠色
植物頗多，但沒有樹木。」

彼得・奧斯貝克 (*Pehr Osbeck*)，
《中國和東印度群島旅行記》 (*A Voyage to China and the East Indies*) (1757年)

1751年8月22日，瑞典船隻卡爾王子號 (Prins Carl) 進入香港水域，船上載著
自然學家彼得・奧斯貝克牧師。他對植物群的描述，是西方自然學家之中最早
對香港植被的描述 (上文出自奧斯貝克的《中國和東印度群島旅行記》)。本書於
1757年在瑞典出版，並在14年後翻譯成英文[15]。奧斯貝克的觀察相當驚人：儘管
島嶼明顯呈青綠色，但島上沒有樹木。按用詞來看，奧斯貝克描述的可能是擔
桿列島 (Lema Islands) 的植被。擔桿列島位於香港島正南方11英里處，既不是南
丫島 (Lamma Island)，亦非大嶼山 (Lantau Island)。法國風景和植物畫家吉恩-路
易・普雷沃斯特 (Jean-Louis Prévost) 曾在1742年到過擔桿列島。他同樣把島嶼形
容為「佈滿岩石的不毛之地」 (sterile and covered with rocks)，但要在訪問當地35
年後才出版他的描述和全景雕刻[16]。大家把這些觀察套用到附近島嶼之前，有必
要細心留意，但在19世紀到訪香港的自然學家對當地的印象似乎並不深刻。

理查德・布林斯利・軒斯 (Richard Brinsley Hinds) 是硫磺號 (H. M. S. Sulphur;
1836-42) 船上的自然學家。他在1841年1月和2月之間到訪香港島，並把當地形容
為「野性、沉悶、荒涼，明顯是個不毛之地」。他報告說那裡「盡是大片光禿
禿的岩石，沒有樹葉遮擋」，但他承認香港島西部有較多種類的植物，亦稱那
裡「有些發育不良的松樹試著充當樹木」。他稱遠眺香港島會看到「一幅千篇
一律的荒蕪景象，植被不可能予人豐富而有趣的良好印象」，又指出最大的多
樣性見於山谷之中，但也是「幾乎沒有樹木……如果有所遮蔽，便有大量漂亮的
低矮常綠灌木……[17]」

伯托爾德・塞曼 (Berthold Seemann) 對香港植被的形容也頗為相似。塞曼是
一位德國自然學家，曾乘坐先驅號 (H. M. S. Herald; 1845-51) 環繞地球，並在
1850年到訪香港：「對登陸的陌生人來說，或者從海上觀望香港島，島嶼的外觀
非常醜陋，予人的印象就是這裡幾乎寸草不生。山丘上覆蓋著一層粗糙的草，
中間聳立著多塊光禿禿的黑色岩石；景象單調乏味，似乎只有幾株灌木和一棵
孤獨的樹佇立其中，七零八落，向下傾斜山坡的上面有寥寥幾棵馬尾松 (*Pinus
sinensis*；*Pinus massoniana*)[18]。」塞曼認為人類活動導致香港樹種貧乏，他指馬尾
松「曾一度非常常見，最初島嶼的所有山坡都長有茂密的樹林」，但由於居民
廣泛焚林而變得越來越少[18]。

雖然考古證據表明香港人類居住區的歷史可追溯到公元前4000至前2500年[2]，
但是早期的人口並非多得足以對樹木植物群構成重大影響。然而，有證據指出
石灰窯的歷史可追溯到公元300至900年[2]，人們在當地收集貝殼和珊瑚，並將

之燒製成灰泥，再出口到內陸地區；窯無疑會以當地木材作燃料。從十世紀開始，九龍和新界一帶越來越多地方有人居住，自十四世紀起便有更多相關的記載；從十七世紀開始，來自粵北的廣東宗族人口大量遷入，族譜紀錄和考古遺跡都能印證這個現象[2]。廣東人通常在肥沃和高產的山谷和低地地區耕種。其他族群亦來到香港定居，當中還包括後來遷入的客家移民，他們都在高地耕種。耕種甚至早在客家人遷入之前已延伸至山頂地區：有證據顯示大帽山、青山和鳳凰山等多座山的高坡早在十七世紀已經開出種植茶葉的梯田[2]（大帽山甚至可能早至十三世紀[19]）。

在1841年香港割讓予英國之前，人類對香港樹木植物的影響程度實在難以判斷，主要原因是人口數字存疑。隸屬皇家工兵的歌連臣中尉 (Thomas Bernard Collinson) 在1843和1845年之間的通信表明，香港島約有十一條村莊，耕地約400英畝[20]；其中最大的兩條村莊分別是香港仔和赤柱，但是兩村分別的人口都不可能過千。由於難以估算人口對木材和木炭的需求，此前人類對香港森林的影響亦難以判斷。儘管造船、建屋和冬季取暖都必定會用上木材，但是生火煮食往往只需要短暫而強烈的爐火，因此人們或會使用木柴作燃料，而非體積較大的原木。雖然問題仍有存疑之處，但是人口自十七世紀起增長，加上出現相關的農業活動和森林砍伐，所以奧斯貝克、軒斯和塞曼等自然探險家在十八和十九世紀所觀察到的退化森林或可能因而形成。

根據估計，樹林在十九世紀四十年代只佔香港島面積的3%至4%[2,21]。跑馬地和香港仔附近一直有著兩片巨大的森林，大潭篤森林的面積較小[21]。早期的植物學收集顯示，跑馬地的植物種類非常豐富，當地有許多山毛櫸樹種，可能是原始森林覆蓋的殘餘，但這片森林已在1900年左右清除。香港仔的植物種類較少，大部份植物都在1922年因種植樟樹而清除，但南豐路以北仍有少量殘存植物，目前已獲確認為具特殊科學價值地點 (Site of Special Scientific Interest; SSSI)。

由於預料英國的控制範圍將會在1898年擴展至新界，駱克 (Stewart Lockhart) 便為殖民地部撰寫報告，當中提及當地缺乏廣闊森林的觀察[22]。報告指出，較低的山丘上種了一些馬尾松 (*Pinus massoniana*) 作木柴使用，許多村莊附近仍保留「一叢叢生長良好的樹木」(風水林)，而在有遮擋的峽谷中仍有一些殘存森林。殖民政府在十九世紀七十年代中期展開一項廣泛的植樹造林計劃，在隨後的十年間，每年種植至少100萬棵樹木 (主要是馬尾松〔*Pinus massoniana*〕)；這項計劃本來集中在香港島實行，後來在1900年後擴展到新界[2,23]。據估計，截至1938年，造林計劃的種植園覆蓋了香港島多達七成的面積。

第二次世界大戰對香港的樹木植物群造成嚴重破壞。日本入侵中國，破壞了燃料補給線，迫使香港居民依靠森林獲取柴火。1941年12月，日本入侵香港，問題變得更嚴重，導致森林遭到大規模砍伐；情況甚至到了重光以後仍然持續，直到1946年重新建立起充足的燃料補給線[2,23]。戰後的航空照片清晰顯示破壞程度，地貌再次變成一片了無樹木的荒蕪，就像軒斯和塞曼在一個世紀前的觀察。一如十九世紀的情況，大部分得以保留的森林，要不是村莊相關的森林 (風水林)，便是處於峽谷之中的孤林，由於人們無法進入而得到保護。

戰後香港歷史的特點包括人口快速增長和城市化，香港興建基礎設施，加上實行填海工程，農業便告式微[24]。殖民地政府在1953年實行新的植樹造林計劃，再度以種植松樹為主，輔以桉樹 (*Eucalyptus robusta*)、木麻黃 (*Casuarina equisetifolia*)、紅膠木 (*Lophostemon confertus*) 和白千層 (*Melaleuca cajuputi*) 等外來樹種[23,25]。儘管戰後重新造林的規模遠遠不及十九世紀七十年代至二十世紀三十年代實行的計劃，但截至1959年，森林估計已經覆蓋全港4,800公頃的土地 (約4.5%)[23]。

上世紀六十年代中期，政府發表了兩份重要的報告，大幅改變香港的環境政策。戴禮 (P. A. Daley)[26] 強調管理森林既可以預防和改善土壤侵蝕，亦能滿足社區的文娛需求。戴爾博博士伉儷 (L. M. & M. H. Talbot)[27] 進而指出，香港有必要建立受法律保護的地區。這項建議最終促成郊野公園在1976年成立[28]，現時本港有四成以上的土地屬於郊野公園保護區[23]。

由於政府實行重新造林計劃，本地的中國馬尾松 (*Pinus massoniana*) 在上世紀七十年代末再度成為香港森林的主要組成部分，但在1978年，許多紅松在出現針葉枯萎和變色的情況後死亡，引發關注[23]。問題的原因證實是「松樹枯萎病」，致病的松木線蟲 (*Bursaphelenchus xylophilus*) 會經長角甲蟲 (Cerambycidae) 在樹木之間傳播[3]。松樹枯萎病破壞了生態環境，但人們亦從中認識物種多樣性對造林計劃的重要性[23]。即使松樹枯萎病造成了破壞，導致大片松樹消失，但鴨腳木 (*Schefflera heptaphylla*) 和潤楠屬 (*Machilus*) 等本地樹種亦從中獲得自然演替的機會。

香港的樹木植物可以按照其生態和物種組成分為四類[29] (以下列舉一些本書會作介紹的示範物種)：(1) 河岸森林 (物種包括蒲桃〔*Syzygium jambos*〕)；(2) 海拔300至400米的低地森林，(包括山油柑〔*Acronychia pedunculata*〕、鴨腳木、假蘋婆〔*Sterculia lanceolata*〕，以及大戟科〔Euphorbiaceae〕、桑科〔Moraceae〕、桃金孃科〔Myrtaceae〕和山欖科〔Sapotaceae〕物種)。(3) 海拔300至800米的低山地森林 (包括潤楠屬、木荷〔*Schima superba*〕，以及殼斗科〔Fagaceae〕、樟科〔Lauraceae〕和山茶科〔Theaceae〕物種)；以及 (4) 海拔700至1,000米的山地森林 (包括大嶼八角〔*Illicium angustisepalum*〕以及殼斗科、金縷梅科〔Hamamelidaceae〕、木蘭科〔Magnoliaceae〕和山茶科物種)。

除了上述自然森林的基本分類外，按中國的風水學說，不少毗鄰村莊的風水林受到傳統保護。就物種組成而言，風水林通常都與低地森林相似，但往往因為種植了對鄰近村莊有用的物種而變得更加豐富，物種包括土沉香 (*Aquilaria sinensis*)、樟 (*Cinnamomum camphora*)、龍眼 (*Dimocarpus longan*)、荔枝 (*Litchi chinensis*) 和蒲桃[23,30,31]。許多風水林歷史都歷史悠久 (據稱城門郊野公園的風水林有400年的歷史)，但根據物種組成而言，風水林仍屬次生林 (即在農業等人為活動後自然演替的結果)[2]。香港現在已經不再有真正的原始森林。

—— ❧ ——

樹木的演化多樣性

> 「凝視草木糾纏的堤岸，上面長著許多種類的植物，鳥兒在灌木叢裡放歌，各種昆蟲飛來飛去，昆蟲在潮濕的土地上爬行，我思量著這些精心構造的形式，彼此如此不同，相互依賴的方式如此複雜，均由我們周遭的規律所產生……從如此簡單的開始，演化出無窮的形式極盡美麗和奇妙。」
>
> 達爾文 (Charles Darwin)，《物種起源》 (*On the Origin of Species*) (1859年)

木本植物是莖部和根部會次生生長 (橫向增厚) 的植物，所以樹木特有寬大的樹幹。這種特徵在植物演化史的早期出現，無論是裸子植物 (裸子植物是種子不包在心皮內的有籽植物，最早出現在石炭紀晚期，即約三億二千萬至二億九千萬年前[32])，還是被子植物 (被子植物是有花植物，出現得遠比裸子植物遲，即約一億三千萬年前的白堊紀早期[33])，大部分當代木本植物都一樣會經歷次次生長的發育過程。單子葉植物是有花植物的一種重要演化譜系，這些植物都源自同一個失去次生生長能力的共同祖先，然而某些個別的單子葉植物卻恢復了次生生長的能力，但在這些例子裡，引起次生生長的發育機制與其他木本植物所觀察到的截然不同[33]。香港植物群之中最突出的木本單子葉植物是棕櫚樹 (棕櫚科〔Arecaceae〕) 和露兜樹 (露兜樹科〔Pandanaceae〕)，兩者都不會經歷「真正」的次生生長，反之會在頂端生長出大量側枝，從而增厚莖部。

松樹 (松科松屬) 是裸子植物的佼佼者，長出雄性和雌性的生殖錐體，但沒有花。雄性錐體較小，呈螺旋狀聚集在小枝條周圍，由一連串可孕的葉狀結構 (孢子葉) 組成，孢子葉會產生和包裹尚在發育的花粉；花粉粒發展出一種產生雄性配子 (精子) 的內部結構。雄錐體的孢子葉成熟時會略微分離，花粉便會隨風從孢子囊中分散出來。雌性錐體是更大、更複雜的結構，其中胚珠 (包含卵細胞) 不受保護，直接結在珠鱗的表面。胚珠的前端在成熟時會暴露出來，形成一小滴粘稠的液體，困住隨風飄散的花粉。花粉粒隨後發芽，形成一條花粉管，把精子輸送到胚珠內的卵子。胚珠受精後便會發育成種子，種子後來亦會隨風飄散。

《香港植物誌》臚列了19種帶生殖錐體的植物 (即裸子植物)[34]，但只確認了三種原生或真正的歸化物種[1]。穗花杉 (*Amentotaxus argotaenia*；三尖杉科〔Cephalotaxaceae〕)、油杉 (*Keteleeria fortunei*；松科〔Pinaceae〕) 和馬尾松 (*Pinus massoniana*；松科)。本書中只收錄了當中的馬尾松，但我們亦會介紹濕地松 (*Pinus elliottii*) 和羅漢松 (*Podocarpus macrophyllus*) 這兩種關係密切且得到廣泛種植的外來植物。

香港絕大部分的本地和歸化的樹種都是開花植物 (被子植物)。花由四種主要的花器官組成，從花的外緣向中心依次順序分別是：(1) 萼片 (統稱為花萼)，大多數情況下會發揮保護作用，在發育過程中包圍花蕾；(2) 花瓣 (統稱為花冠)，在大多數情況下是一種吸引授粉者的視覺線索。(3) 雄蕊 (統稱為雄花器) 產生花粉粒，繼而形成雄性配子 (精子)；以及 (4) 心皮 (統稱為雌花器) 內含胚珠，繼而產生雌性配子 (卵)。然而，只把花的器官分成四類實在過於簡化，由於花的形態與不同的授粉和生殖系統有關，所以具備豐富的多樣性：花不一定具備所有的器官，器官也不一定具備原始功能，有時亦會有其他角色；花的器官不一定是獨立的結構，往往會互相融合，當中不是同類器官融合 (例如花瓣相融、心皮相融)，便是異類器官融合 (如花瓣與雄蕊融合、雄蕊與心皮融合)。

花粉透過各種機制從一朵花的雄蕊轉移到另一朵花的心皮 (儘管這有時發生在同一朵花內，形成自花授粉的現象)。大多數被子植物會經動物傳播花粉，但是動植物之間共同演化，形成豐富多樣的特殊化，當中有些與昆蟲及脊椎動物關[35,36]。被子植物的原始授粉系統可能是經昆蟲 (特別是甲蟲) 傳播花粉[37]。經由甲蟲授粉的花通常比較結實 (尤其如果大型甲蟲是授粉者)，花瓣呈白色、黃色、棕色或紅色，通常帶有強烈的果香或辣味。甲蟲得到的食物獎勵一般是花粉。另一方面，大多數經由蒼蠅授粉的花朵顏色較淡，帶有果香氣味，並以花蜜和/或花粉作獎勵。蜜蜂授粉的現象常見於被子植物，比率約佔當中所有物種的65%。透過蜜蜂授粉的花通常呈白色、黃色或藍色 (通常花朵有「導引」〔floral guides〕和不對稱的花瓣，鼓勵蜜蜂經特定方向進入)，帶有甜香氣味，同樣亦會以花蜜和/或花粉作食物獎勵。靠飛蛾和蝴蝶授粉的花一般都帶有強烈的香味，花蜜是食物獎勵，會留在長長的花管底部，飛蛾和蝴蝶便會以長長的探針探食。經蝴蝶授粉的花通常都色彩繽紛 (呈紅色、藍色或黃色，也有些是白色的)，並會在白天接受花粉。飛蛾授粉的花則顏色蒼白，飛蛾活躍於黃昏和晚間，於是花朵會在同時接受花粉。大多數授粉的脊椎動物都是鳥類或蝙蝠。鳥類授粉的花朵往往顏色鮮豔 (尤其是紅色)，但一般都不帶明顯氣味。花朵會產生大量花蜜，以滿足鳥類龐大的能量需求。蝙蝠會在黃昏和夜間活動，於是適合由蝙蝠授粉的花朵顏色較淺，蝙蝠受到花散發出的強烈氣味、麝香味、果香味或腐臭味所吸引，並可以獲取大量花蜜和花粉作回報。

　　生物授粉系統的豐富多樣性是大規模共同演化的結果，其中花的特化是適應特徵，用作應付不同授粉者，而授粉者會回應花發出的特定線索，並尋求特定的回報。有證據指出被子植物的生物授粉系統會經過多方面的演進，轉變成非生物授粉系統，風媒物種佔全部被子植物品種的20%。風媒播粉難免會浪費更多花粉，但是植物可以節省能量方面的投資所補償：花朵高度縮小 (例如不帶花瓣)，無需提供花蜜之類能量豐富的食物作獎勵。風媒花通常是單性花，因此可以妥善避免自花授粉。許多樹種都是風媒樹種，通常生長在密集的種群裡，生境一般都比較開揚和暴露。

　　裸子植物的胚珠是沒有保護，相反被子植物的胚珠會由心皮 (花的雌性器官) 包裹。授粉成功後，胚珠裡的卵細胞便會受精，接著胚珠就會發育成種子。被子植物包圍胚珠的心皮會發育成果實：被子植物有花，所以常常會被稱為「開花植物」，然而被子植物亦會結果，因此也亦可稱作「結果植物」。

　　果實形態極之多樣[38]，部分的原因是花朵須經過複雜的過程才能發育成果實：受精的心皮是果實的主要組成部分，但常常由花的其他組織 (包括花萼和花冠) 取替，花序中相鄰的花有時會凝聚起來，形成「複果」。花會因為與傳粉者共同演化而變得多樣，同樣果實也會因為經由風力、水力和動物等種子傳播媒介而變得多樣[39]。經風力傳播的種子常常長有寬大的翅膀 (如馬尾松和大頭茶〔*Polyspora axillaris*〕)，或會夾附於一團棉花狀的纖維上 (如木棉〔*Bombax ceiba*〕)，於是種子便能在空中停留更久。經水流傳播的種子通常有內部氣室，從以增加浮力 (如黃槿〔*Hibiscus tiliaceus*〕)。許多果實都會被動物吃掉，種子在咀嚼過程中會被丟棄，吞下後會經歷反芻，或會經由動物的腸道排泄出來。經動物散播的果實通常帶有肉質，具備不同的特徵 (例如體積、顏色和營養成分)，而這些適應特徵都和不同的動物群體有關。鳥類是香港最常見的種子傳播者[40]，大多數果實的體積受到鳥喙開口的大小所限制。香港其他重要的種子傳播者有果蝠、果子狸、獼猴，亦可能包括鼬獾和鹿 (吠鹿)[2]。

—17—

植物命名法

「明天早上我們去散步吧。」她對他說：「我想你教我野生花卉的拉丁文名稱和特徵。」

「你要拉丁文名字做什麼？」巴紮羅夫問。

「一切都要有系統。」她回答。

伊萬・屠格涅夫 (Ivan Turgenev)，《父與子》(*Fathers and Sons*；1862年)

學名的應用受到國際公認的命名法則的嚴格控制，植物採用的是《國際藻類、真菌和植物命名法規》(ICN)[41]。ICN承認嵌套分類單位的層次結構，其中相關的物種群體被聚集成較大的單位，稱為屬，而相關的屬亦同樣會結集成科。

學名會使用拉丁文 (或拉丁化語言，即是把那些從其他語言衍生出來的詞語當成是拉丁語使用)，因此按照慣例會以斜體書寫。物種名稱 (雙名) 由兩個片語組成：首先是屬名，第一個字母會以大寫書寫；然後是種小名 (specific epithet)，會完全用小寫書寫。在物種名稱的引用方面，最先描述和命名物種的分類學家的名字會放在物種名稱之後：例如，台灣相思 (*Acacia confusa* Merr.) 最先由美國分類學家埃爾默・德魯・美林 (Elmer D. Merrill；1876-1956) 作描述。其他分類學家後來的研究有時會把物種轉移到另一個屬。由於屬名構成了種名的第一部分，新的雙名是由最初的種小名和新的屬名組合而成。例如八角楓最初由João de Loureiro於1790年描述，當時命名為「*Stylidium chinense* Lour.」，歸入花柱草屬 (*Stylidium*)，後來Hermann A. T. Harms在1897年將八角楓轉入八角楓屬 (*Alangium*)，因此物種現時的學名為「*Alangium chinense* (Lour.) Harms」。

ICN其中一項基本原則，就是不論所處的等級體系為何，每個分類單位都只應該配上一個名稱。前段提到屬之間會有物種轉移，所以同一物種難免會有重覆的名稱 (即同物異名的情況)。然而，同物異名亦可能出自分類學上的錯誤，由於分類學家不知道物種已被描述，所以重覆發表物種名字。例如木棉早在1753年由Carolus Linnaeus描述為「*Bombax ceiba* L.」，但Augustin Pyramus de Candolle卻又再在1824年物種將命名為「*Bombax malabaricum* DC.」。由於ICN要求物種只能承認一個名字，所以只會採用最早作有效發表的名字 (「優先原則」)；在上面的例子中，「*Bombax ceiba*」一名得到公開採納，而「*Bombax malabaricum*」則當作同義詞處理。

雖然物種之間都會進行生殖隔離，防止基因混合，從而避免在分類學區別上產生破壞，但雜交亦時有發生，例子包括紅花羊蹄甲 (*Bauhinia purpurea*) 和宮粉羊蹄甲 (*Bauhinia variegata*) 進行雜交，產生的雜交品種得到引用，並用符號'×'分開兩個親緣種的具體名稱 (所以這個雜交物種名為「*Bauhinia purpurea × variegate*」)。如果雜交物種能夠繁殖，並在繁殖上和親本物種隔離開來，那麼物種一般會被視作獨立物種，並得到一個物種雙名。然而，洋紫荊是不育的品種，依靠人工繁殖，所以已經確認為一個「栽培品種」(cultivar；即是透過栽培生產和維護的植物品種)。栽培品種的名稱應以倒逗號引用，不應以斜體書寫 (所以洋紫荊的名稱可寫成「*Bauhinia* 'Blakeana'」)。

植物的科 (由密切相關的屬組成，均來自同一個演化祖先) 名稱幾乎全部都以拉丁文「-aceae」作結尾，例如洋紫荊的科名是「Fabaceae」。本書每篇圖解文本都有提供物種的科名，並輔以英文和中文常用的物種名稱。

—— ❧ ——

植物插圖的藝術

「因為沒有辦法保留這種奇妙的形式，所以試著進行精確繪畫，從而更深入認識變形的基本概念。」

歌德 (Johann Wolfgang von Goethe)，
《植物的蛻變》(The Metamorphosis of Plants) (1790年)

在比較生物學中，有效的交流屬至關重要的基本。要達至有效的交流，既可以利用清晰的書面文字描述，亦可運用準確的視覺表達方式。在當代植物學研究裡，攝影在傳遞植物結構資訊方面發揮關鍵的作用，但是照片不能取代出色的插圖。藝術家可以在插圖裡運用攝影無法實現的方式，突出尤其重要的結構。植物學插圖超越了純科學表達和藝術表達之間的鴻溝，前者對形態的準確解釋極為重要，而後者表現的形態可以超越現實限制，成為藝術家傳達風格意志的一種手法。頂尖植物學藝術不僅能準確觀察的植物結構，而且整體構圖和描繪都達到高度藝術性：植物的視覺呈現既應該是科學家工作台上的研究工具，也可作裱畫掛在畫廊牆上展覽。

現存最早的植物學插圖可以追溯到公元六世紀一份稱為 *Codex Vindobonensis* 的拜占庭手稿[42]。這些早期的插圖無一例外地複製在「草藥」的條目裡，為藥劑師提供植物藥用方面的指導[43]。印刷術面世之前，這些草藥書都依靠人手複製和抄寫，所以植物學插圖往往淪為單純的誇飾畫 (caricatures)，風格化的特徵往往顯得很誇張。到了十五世紀中葉，德國發明可移動字體的印刷術，振興了草木書籍的出版，每本書都可以印製多份，避免了手工抄寫時難免出現的人工痕跡。此外，印刷術的發明呼應了歐洲的學術復興，過程之中重新發現經典的知識來源，開發出新的科學方法，進而促成後來出現的現代科學探究時代。文藝復興時期，藝術家達芬奇 (1452-1519) 和阿爾布雷希特 • 杜勒 (1471-1528) 的藝術天份展示繪畫如何可以忠於植物結構，大大影響後來藝術家，例如為奧托 • 布倫費爾斯 (Otto Brunfels；1488-1534)、萊昂哈特 • 福克斯 (Leonhart Fuchs；1501-66) 和皮埃爾 • 安德列 • 馬蒂奧利 (Pier Andrea Mattioli；1501-77) 等植物學家和草藥學家工作的畫家。

植物學插圖藝術在十六和十七世紀得到歐洲皇室的大力鼓勵，皇室人員熱衷於收集本地和外來植物的繪畫作品。十七和十八世紀的科學革命是「啟蒙時代」的一大部分，加上帝國不斷擴張，新發現和外來的植物湧入歐洲國家，促進了植物學插圖藝術的發展。歐洲人熱衷於栽培花園種植的外來植物，加上更相宜和普及的植物學插圖出版越來越多。柯帝士的《植物學雜誌》(*Curtis's Botanical Magazine*) 於1787年開始出版，並刊登特選物種的手繪銅版畫。雜誌至今仍在出版，是世界上營運歷史最悠久的植物學雜誌[44] （然而該刊曾以幾個不同名稱出版，例如從1984年至1994年發行的《邱園雜誌》〔*The Kew Magazine*〕）。植物學插圖源遠流長，並繼續在植物科學研究上發揮關鍵作用。

植物畫像

耳果相思

Acacia auriculiformis Cunn. ex Benth.

耳果相思，又作耳葉相思 (*Acacia auriculiformis*；Ear-pod wattle或Ear-leaved Acacia)[45]，原產於澳洲北部和新畿內亞，然而已在香港得到廣泛種植。許多相思樹物種都有由小葉 (羽葉) 組成的二回羽狀複葉。小葉再分為高階小葉。然而，就如耳果相思一樣，有些相思樹葉高度縮小，幼苗只有一塊明顯的羽狀葉。植物成熟以後，光合作用功能會轉移到經擴大的葉狀柄，又稱假葉。在演化過程裡，由於對抗缺水和高輻照的選擇優勢，植物似乎發展出假葉來取代葉片。假葉和細小的花外蜜腺[49]相連，後者會分泌一種吸引螞蟻的含糖液體，依靠牠們驅趕食葉動物，或對植物有所裨益。

一如香港廣泛種植的台灣相思 (*Acacia confusa* (詳見))，耳果相思的花非常細小，並會聚集成簇 (花序)。然而，台灣相思和耳果相思的花序形狀不同：耳果相思的花序細長 (3.5至8厘米長)，而台灣相思的花序則呈球形 (直徑為6至10毫米)。兩個物種的果莢形狀也不一樣：台灣相思的果莢畢直而細長，而耳果相思的果莢明顯彎曲，就像耳朵一樣，因此樹種稱為耳果相思 (Ear-pod wattle、Ear-leaved Acacia)。

耳果相思的果莢成熟時會變得乾燥，然後裂開，露出種子。種子有兩塊黃色、橙色或紅色的「假種皮」，即種皮外層的一個肉質構造。假種皮的功能在於吸引和獎勵動物進食，有利於傳播種子。有假種皮的相思樹樹種一般都會由鳥類散佈種子[50]，耳果相思並非香港的原生樹種，但是不時都可以在香港觀察到鳥類食用耳果相思的種子[51]。耳果相思已在香港廣泛種植，而且也能結果和成功傳播種子，但尚未有證據證明樹種已被歸化[51]。

圖1. 耳果相思 (*Acacia auriculiformis*)。(A) 花枝：高度退化的花組成拉長的花序。(B) 經解剖的花。(C) 果實。(D) 有兩葉假種皮的種子。

A
B
C
D

台灣相思
Acacia confusa Merr.
(= *Acacia richii* auct. non A. Gray)

台灣相思 (*Acacia confusa*；Taiwan Acacia；豆科)[45]原產於台灣和菲律賓，但已經在香港和中國南部廣泛栽培。與耳果相思 (*Acacia auriculiformis* (詳見)) 一樣，台灣相思的葉子縮小，生出稱為「假葉」的寬闊葉狀柄。台灣相思的假葉 (6至10厘米長) 和耳果相思一樣，葉片有三至五條平行脈連接著花外蜜腺[49]。

花非常細小，花序 (直徑為6至10毫米) 呈球形，花瓣均融匯成約2毫米長的短管。雄蕊數目眾多，並延伸到花瓣管頂端以外[45]。花朵不時吸引蜜蜂到來[52]。

台灣相思能在劣化地區生長良好，有助防止水土持續流失[53]。香港不時發生與掃墓活動有關的人為山火，而台灣相思較耐燃，因此在香港廣泛培植，作為種植園的防火帶[25]。但是台灣相思的生態價值較本地樹種低，而本地樹種則為較有價值的生態資源，因此目前香港會優先種植本地樹種。

台灣相思的落葉腐爛後向土壤釋出有毒的生化物質，抑制其他植物生長[54]，這種稱為「相剋作用」(allelopathy) 的現象對樹木本身有益，因為可以減少地面以下植物對養分和水的競爭，但也會阻礙天然更生和生物多樣性的恢復，因此相剋作用並非有利的種植物種特質。

圖2. 台灣相思 (*Acacia confusa*)：花枝葉狀柄 (假葉) 和球形花序，花朵大幅縮小。

濱海槭

Acer sino-oblongum F. P. Metcalf

(= *Acer lanceolatum* auct. non Molliard; *Acer oblongum* auct. non Wall. ex DC.)

—— ❧ ——

濱海槭 (又名華南飛蛾樹、劍葉槭;*Acer sino-oblongum*;South China maple;無患子科)[55]是本地常見植物[1],亦是香港三種槭樹樹種之一。大多數槭樹都有掌狀葉子,但濱海槭的葉片呈橢圓形或稍長圓形,葉緣平滑完整。花相當不顯眼,呈綠黃色,有頂生花序。每朵小花有五枚萼片和五塊花瓣 (約4毫米長)。花朵不是雄性 (有八枚雄蕊,沒有心皮),便是結構上屬於雙性,但功能上則屬於雌性 (有兩塊融合心皮和不育的雄蕊)。花的性別分離可防止自花授粉,有助提升種子遺傳多樣性。花有一塊腺盤,生產花蜜,以食物獎勵授粉昆蟲;探討其他亞洲物種的研究亦強調了蜜蜂作為授粉者的重要作用[56]。

雌花的雌蕊長自兩塊融合的心皮,每塊心皮在受精後都會長出一塊側翼。果實成熟時,側翼會顯得非常突出 (圖3B)。果實為「分裂果」(schizocarpic),即成熟時會帶有兩個獨立的傳播單元:每個單元來自一塊心皮,種子生在一側,而另一側有一塊單獨而向外延伸的側翼,所以重心都傾向有種子的一側,當果實從樹枝掉下來時,側翼會圍繞種子旋轉,減慢果實的下降速度,橫風便有較大機會把種子散得更遠。

傳統上,槭樹物種均屬於槭樹科,《香港植物誌》亦採納這套分類法[55]。然而,最近重建槭樹和相關分類群的演化樹的研究均一致表明槭樹 (*Acer*) 應歸入無患子科 (Sapindaceae)[57,58]。儘管有些分類學家表示異議[59],但目前的共識是贊成把槭樹歸入範圍較闊的無患子科。

圖3. 濱海槭 (*Acer sino-oblongum*)。(A) 花枝:黃綠色小花聚合成頂生花序。(B) 果枝:有分果的果實。

A
B

山油柑

Acronychia pedunculata (L.) Miq.

(= *Acronychia laurifolia* Blume; *Cyminosma pedunculata* DC.)

—— ∽ ——

山油柑 (又名降真香；Acronychia；*Acronychia pedunculata*；芸香科)[60]常見於本地的低地次生林，可達15米高。山油柑與商業種植的柑橘類水果同屬一科，葉子特點是長有小油腺，如果把葉子舉起來對著光線觀察，便可看到油腺，葉子壓碎後會產生強烈的柑橘氣味。

花的直徑為12至15毫米，有四塊狹窄的黃白色花瓣，八枚雄蕊分成兩輪，四塊心皮融合成雌蕊。山油柑主要由蛺蝶授粉，但也會吸引蜜蜂、黃蜂、繭蜂蠅、紙蝶和甲蟲等昆蟲到來[61]。

山油柑果實小而圓 (直徑10-15毫米)，呈半透明的黃色，壓碎後氣味芳香。每個果實都有四顆種子，包裹在堅硬的果壁保護層內。果實據知會被鳥類和果子狸 (可能還有果蝠) 食用，種子通過動物腸道傳播開來[62,63]。果實糖分的化學分析顯示，果實的糖分以蔗糖為主，反之大多數靠鳥類傳播種子的果實則以葡萄糖和果糖為主。果實的糖分或能夠反映物種的適應性，有益於果子狸等哺乳動物和眾多的種子傳播者，然而山油柑果實由鵯屬鳥類 (bulbuls; *Pycnonotus*) 食用，牠們的腸內有鳥類少有的蔗糖酶，用作消化蔗糖。

圖4. 山油柑 (*Acronychia pedunculata*)。(A) 花枝：一簇簇黃白色的小花。(B) 山油柑花。(C) 花瓣和雄蕊脫落後受精的花。(D, E) 果實。

A
B
C
D
E

海紅豆

Adenanthera microsperma Teijsm. & Binn.

(= *Adenanthera pavonina* auct. non L.; *Adenanthera pavonina* var. *microsperma*
(Teijsm. & Binn.) I. C. Nielsen)

—— ❧ ——

海紅豆 (又名孔雀豆；*Adenanthera microsperma*；Red sandalwood；豆科)[45]在香港的分佈相當有限，較常見於村莊附近的風水林[1]。海紅豆可長至約20米高，海紅豆有獨特的複葉，複葉側面的「羽片」(pinnae)　再分出細小和交替排列的小葉；小葉 (2.5至3.5厘米長) 輪廓呈圓形。

海紅豆花型細小，呈白或黃色，長長的花序可達約15厘米長。每朵花有一枚五齒融合的細小花萼、五個小花瓣 (2.5至3毫米長)、十枚雄蕊和一塊單心皮。雄蕊長有細小的花藥腺，或用作提供食物來獎勵授粉者[64,65]，但是目前對海紅豆屬物種授粉生態方面的知識仍少之又少。

巨大的果莢長達20釐米，乾燥後會分成兩瓣，每瓣均會向相反方向扭曲。豆莢打開後，鮮紅色和具光澤的種子便會顯露出來，懸掛在豆莢的淡褐色內層表面。種子狀似漿果，紅色的顏色相信是用來模仿漿果，欺騙專吃肉質果實的鳥類進食[66]；有實驗顯示，專食乾果和種子的鳥類會拒絕進食海紅豆屬植物的種子，可是專食肉質果實的鳥類則會進食，然後完整排泄種子，所以果食性鳥類很可能是海紅豆的有效種子傳播者，而樹木亦毋須耗費資源為鳥類提供食物獎勵。

圖5. 海紅豆 (*Adenanthera microsperma*)。(A) 花枝：延展的花序由白色或黃色的小花組成。(B) 葉子。(C) 花。(D) 成熟的果實：分離的果瓣向相反方向扭曲，露出鮮紅的種子。

A
B
C
D

水團花

Adina pilulifera (Lam.) Franch. ex Drake

(= *Adina globiflora* Salisb.)

———— ✤ ————

水團花 (又名水楊梅；*Adina pilulifera*；Chinese buttonbush / Pilular Adina；茜草科)[67]是一種小樹 (可生長至約5米高)，在香港的溪邊非常常見。茜草科物種豐富，而水團花和同科植物一樣，枝葉對立排列，規律有致。

水團花的花朵非常細小，花冠筒由五片白色花瓣融合而成，長3至5毫米，直徑2至3毫米。花朵數目眾多，聚攏起來形成獨特的球形花序，花序直徑為8至12毫米。接受花粉的柱頭長在拉長的花柱頂端，花柱從每個花冠筒的口中伸出，因此花序有獨特的「尖刺」外觀。花藥融於花冠筒前尖，所以授粉者探入花冠筒時會在無意之間收集花粉，此外授粉者在花序表面穿梭時會擦到柱頭，留下花粉粒。

花開和性成熟，花序外觀和楊梅 (*Myrica rubra*；楊梅科) 的聚合果相似，加上水團花長於河邊，因此中文又稱水楊梅。

水團花種子細小而帶翅，或可隨風飄散，由於水團花樹木長於溪流旁邊，種子似乎亦可隨水傳播，因此有建議指這兩種傳播機制均適用於同屬的其他物種[68]。

圖6. 水團花 (*Adina pilulifera*)。(A) 花枝：球形花序由許多小花形成。(B) 花：融合的花冠筒和突出的柱頭及花柱。

B
A

黃瑞木
Adinandra millettii (Hook. & Arn.) Benth. & Hook. f. ex Hance

黃瑞木 (又名楊桐；*Adinandra millettii*；Millett's Adinandra；五列木科)[69]為小型樹種，可長至 10 米高。黃瑞木常見於本地的次生林和灌木叢，特別是花崗岩地區。花朵長於葉子基部，呈下垂狀。花朵為兩性花，有五枚萼片 (7-8毫米長)、五塊白色花瓣 (約9毫米長，稍微突出於花萼頂部)、約25枚雄蕊和一枚融合的雌蕊。花萼宿存，緊緊連住黑色球狀果實底部。果實很可能經鳥類傳播[63]，重要的是，果實含豐富葡萄糖和果糖而沒有蔗糖[63]：此為典型經鳥類傳播的果實特徵，因為鳥類一般都缺乏消化蔗糖所需的蔗糖酶。

黃瑞木過去曾被歸入山茶科 (Theaceae)，例子包括《香港植物誌[69]》和《中國植物志[70]》。然而，最近對DNA的序列資料可以更完整地重建物種群組之間的演化關係[71]，發現以前歸入山茶科的物種其實屬於兩個不同的演化譜系，而彼此亦非近親，因此黃瑞木則轉為納入五列木科[13]。

傳統上，黃瑞木的葉子曾用作染料，用於製作清明節掃墓的彩色糯米球[72]。

圖7. 黃瑞木 (*Adinandra millettii*)。(A) 花枝有下垂腋生花。(B) 單花，有白色花瓣。(C) 黑色下垂的果實，有宿存的萼片。

A
B
C

八角楓

Alangium chinense (Lour.) Harms

(= Marlea begoniaefolia Roxb.; *Stylidium chinense* Lour.)

———— ❧ ————

八角楓 (*Alangium chinense* (Lour.) Harms；Chinese Alangium；八角楓科)[73]是華南和東南亞常見的樹種。八角楓生長周期呈鮮明的季節性，當年生的綠芽會從棕色老樹枝上的腋芽長出；樹枝有一系列隨年而生的明顯疤痕，反映樹種有偶發的生長模式[74]。葉子形狀不一而足，有些是全緣的卵形葉子 (如附圖所示)，有些則帶有明顯淺裂。

花蕾形狀修長，綻放方式非常獨特，花瓣 (每朵花有六至八片) 會向後捲曲，顏色亦會隨著時間由乳白色變為黃色，過程中同時暴露雄蕊。細長的花藥帶有花粉，組成雄蕊，並長於短而有毛的花絲之上。雄蕊圍繞著中央的雌蕊，後者頂端有一枚帶兩至四輪的柱頭。花朵的花蜜會吸引東方蜜蜂 (*Apis cerana*) 授粉[61]。果實細小，呈黑色。屬單種子的「核果」(即肉質漿果狀的果實，種子由堅硬的保護層包圍)。食用果實的鳥類是八角楓有效的傳播媒介[62]。

八角楓廣泛用於中藥，屬「五十種基本藥材」之一。八角楓的嫩枝和樹皮可用於治療各種疾病，例如蛇咬、風濕病及循環系統問題，亦當作避孕藥使用[75]，因此該樹種向來都是眾多藥理學研究的一大焦點[76]。

圖8. 八角楓 (*Alangium chinense*)。(A) 花枝：綠色的嫩芽從去年枝條的葉腋中長出。(B) 綻放的花朵有下彎的花瓣。(C) 雌蕊。(D) 雄蕊有一枚細長的花藥長於短而有毛的花絲上。(E) 果實有宿存的花萼。

A   B   C   D   E

石栗

Aleurites moluccana (L.) Willd.

—— ∽ ——

石栗 (*Aleurites moluccana* (L.) Willd.；Candlenut tree；大戟科)[77]是東南亞其中一種最重要的樹種，由於用途非常廣泛，因此早就引入東南亞，經常種植於家庭花園。種子含豐富油脂，傳統上用作燈油 (因此石栗的英文名稱為「Candlenut tree (蠟燭樹)」)，亦可作食用[78]，惟種子帶有毒素[79]，需透過煮食分解。種子還可用作製造肥皂的替代品和護髮素，現在是化妝品行業的重要商業產品[78]。植物的其他器官，特別是葉子、樹皮、花、果實和種子，已成為治療各種疾病的當地藥品[78]。石栗木材在本地得到廣泛使用，即使木材材質較弱，易受真菌感染而腐爛和昆蟲侵蝕，卻易於手作加工[78]。樹種耐受空氣污染，因此廣泛種植在香港的路邊，但由於木材強度低，所以樹木經常遭到颱風破壞[80]。

石栗和大戟科許多物種 (例如黃桐〔*Endospermum chinense*)、血桐〔*Macaranga tanarius*〕、白楸〔*Mallotus paniculatus*〕、山烏柏〔*Sapium discolor*〕和木油桐〔*Vernicia montana*, 詳見〕) 一樣，葉面和葉柄的交界處有一對花外蜜腺[49]。蜜腺或可用於吸引螞蟻群，從而阻止食草動物前來進食。

石栗是雙性植物，但同一花序裡會開出雄花和雌花：雄花比雌花小，但數量較多。雄花和雌花分離 (即「雌雄同體」) 是一種演化的適應，可減低自花受精的機會，從而增加種子的遺傳多樣性。肉質的果實有一層堅硬的內層，包裹著兩顆種子。

圖9. 石栗 (*Aleurites moluccana*)。(A) 花枝：花序由許多小花組成。(B) 花。(C) 經解剖的雄花。(D) 果實。

A
B
C
D

茶梨

Anneslea fragrans Wall. var. *hainanensis* Kobuski

(= *Anneslea hainanensis* (Kobuski) Hu)

———— ❧ ————

茶梨 (*Anneslea fragrans* var. *hainanensis*；Hainan Anneslea；茶梨；五列木科)[69]在香港非常罕見，只在馬鞍山有記錄[1]。茶梨為中型常綠樹種，高度約15米，有互生的革質葉子，密集生長於枝條末端。花朵雙性，有五塊帶紅色的萼片 (約10至15毫米長)，基部相連，中間明顯收縮；果實前端宿存 (persistent) 的萼片呈獨特的冠形。每朵花有五塊紅色或白色的花瓣 (約6至8毫米長)，與基部管 (basal tube) 融合，花有約40枚雄蕊，以及一枚由三個心皮融合而成的雌蕊。

茶梨花朵的結構和五列木 (*Pentaphylax euryoides*) 的花相似，兩者同屬五列木科，但五列木的花只有五枚雄蕊。花的子房屬「半下位」，即位於花的附著點以下；相反五列木花的子房位於花的附著點以上，屬「上位」子房。子房的位置似乎微不足道，但下位和半下位子房的演化起源屬重要的選擇優勢，可以保護子房 (以及由此產生的帶卵子的胚珠) 免受訪花物種和潛在的草食動物侵害[81]，下位和半下位子房於許多演化譜系獨立演化而成，為一重要的演化關鍵[33]。

茶梨花卉結構的另一個奇特之處在於花瓣和萼片的位置：大多數花卉 (包括五列木) 的花瓣與萼片交替並生，但是茶梨的花瓣與萼片並排而生，故花瓣正正就藏在萼片裡面[82]。

圖10. 茶梨 (*Anneslea fragrans* var. *hainanensis*)。(A) 花枝：一簇綻放的鮮紅花朵。(B) 花：花瓣位於萼片的對面。(C) 果實：有宿存的萼片冠。

A
B
C

番荔枝
Annona squamosa L.

—— ⁗ ——

番荔枝 (*Annona squamosa* L.；Sugar-apple or Sweetsop；番荔枝科)[83]是一種小樹 (可生長至約4米高)。由於果實可供食用，因此在熱帶地區廣泛栽培。物種源自西印度群島，但多個世紀以來亞洲似乎都有種植：目前有可靠的語言學和文化方面的證據證明該物種是由西班牙和葡萄牙殖民者分別引進菲律賓和印度；而荷蘭人在17世紀到達爪哇島前，番荔枝似乎已經在該島培植[84]。

番荔枝屬於有花植物早期演化出來的演化支，具備許多祖型特徵。番荔枝科物種和大多數早期演化的開花植物 (如大嶼八角〔*Illicium angustisepalum*〕和香港木蘭〔*Magnolia championii*, 詳見〕) 不同，前者花朵具形態不同的萼片和花瓣，類近大多數後期演化的開花植物，但彼此的相似之處可能是經獨立演化而成[85]。

番荔枝的花雙性，性功能為期兩日：心皮在第一天受精，而雄蕊會在第二天釋放花粉。雌性和雄性生殖功能先後出現 (即雌花先熟〔protogyny〕)，能有效避免自花授粉，有助提高種子的遺傳多樣性[86]。番荔枝花帶有的果香味能吸引細小的露尾甲科昆蟲 (nitidulid beetles) 訪花，所以是有效的傳粉媒介[87]。

每朵花有許多未被融合的心皮，均呈螺旋狀排列，這種祖型特徵常見於早期演化的開花植物中，然而花在受精後，本來分開的心皮會在果實發育的過程中合生起來[88]，這現象可能是一種適應，用以吸引大型哺乳動物 (如靈長類) 進食果實，從而傳播種子。

圖11. 番荔枝 (*Annona squamosa*)。(A) 果枝。(B) 花。(C) 果實橫截面顯示一瓣瓣融合的果實。(D) 種子。

A
B
C
D

銀柴

Aporosa dioica (Roxb.) Müll. Arg.

(= *Alnus dioica* Roxb.; *Aporosa chinensis* (Champ. & Benth.) Merr.;
Aporosa frutescens auct. non Blume; *Aporosa leptostachya* Benth.)

—— ❧ ——

銀柴 (*Aporosa dioica*；*Aporosa*；大戟科)[77]的命名歷史非常複雜。該物種首先由分類學家威廉•羅克斯堡 (William Roxburgh) 描述，銀柴的花朵大幅縮小 (highly reduced)，形似柔荑花序，令人誤以為銀柴是赤楊 (alder) 的一種，所以羅克斯堡將物種命名為「*Alnus dioica*[89]」。但赤楊屬現在隸屬關係較疏遠的樺木科[13]。銀柴後來歸入大戟科銀柴屬 (*Aporosa* 或*Aporusa*)，[90]兩種學名會在不同場合使用。

銀柴是「雌雄異株」的樹，即一棵樹只會開某一性別的花。雄性柔荑花序明顯比雌性長，東方蜜蜂 (*Apis cerana*) 會前來訪花，收集花粉粒[61]，但不會前往雌性的柔荑花序，因此不能授粉。事實上，銀柴似乎可以透過風媒授粉[61]：花朵在形態上高度縮小，加上性別分離，風媒授粉物種都有這些共同特徵。同樣，蜜蜂會訪同科物種白楸 (*Mallotus paniculatus* (詳見)) 的雄花，但不會訪其雌花，正好白楸既是雌雄異株的植物，亦同樣有高度縮小的花朵。

銀柴果實是小蒴果，成熟時不規則地裂開，露出顏色鮮豔的種子。香港有報告顯示，鳥類會食用銀柴果實[62]，所以鳥類可能是主要的種子傳播媒介，而其他地區的報告則顯示，長臂猿亦可能是傳播種子的重要媒介[91]。

銀柴的莖部經常受到癭蚊 (Cedidomyiidae) 侵襲，因而長出明顯的腫塊。腫塊也成為該物種的一項特徵[92]。

圖12. 銀柴 (*Aporosa dioica*)。(A) 花枝有長長的雄性花序。(B) 雄花。(C) 雌花。(D) 果枝有鮮紅色的種子。

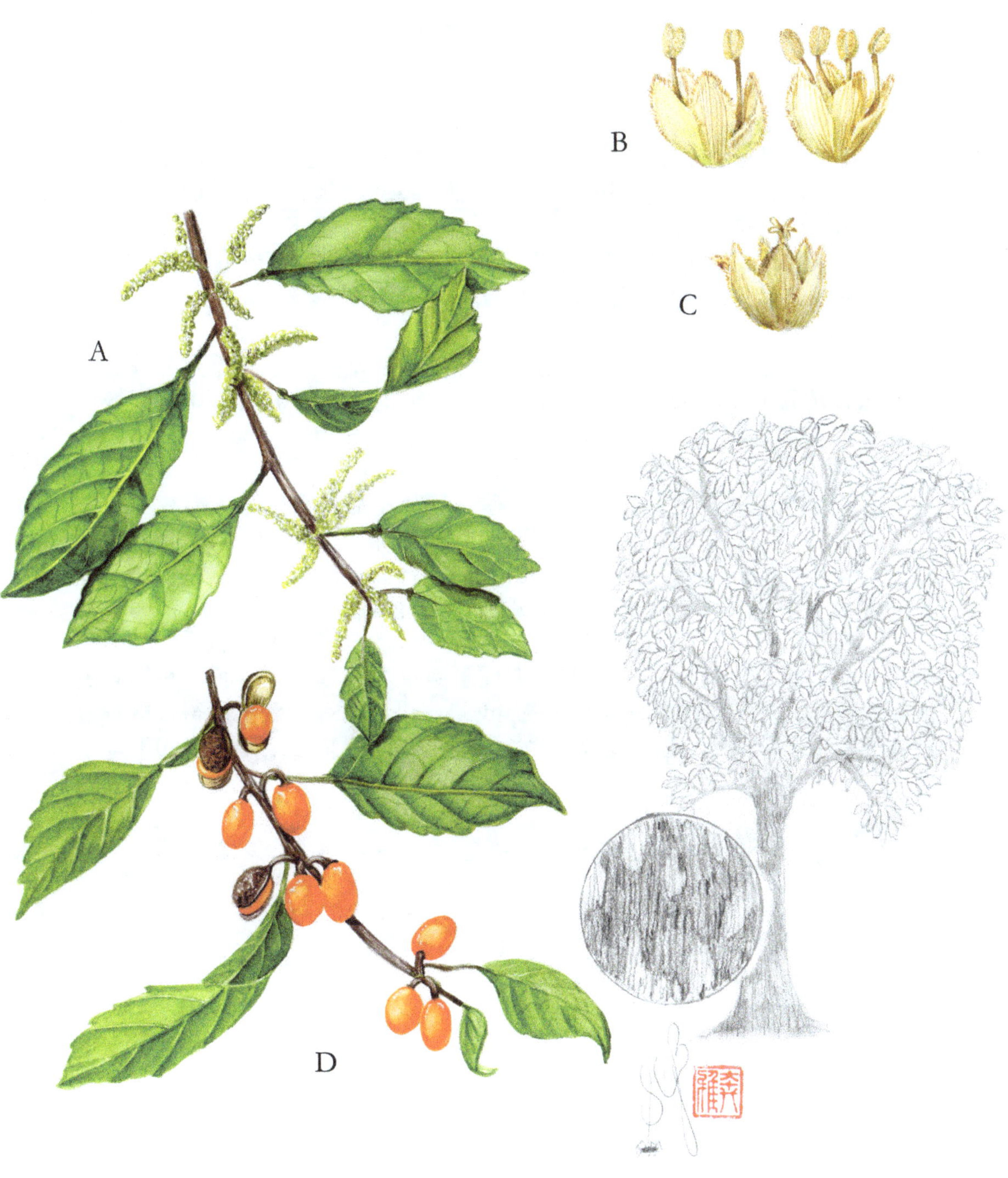
A
B
C
D

土沉香
Aquilaria sinensis (Lour.) Spreng.
(= *Aquilaria grandiflora* Benth.)

土沉香 （又名牙香樹或白木香；*Aquilaria sinensis*；瑞香科)[93]在香港相對常見，尤以風水林為甚[30]。目前尚未確定該物種是否原生物種，即使並非原生物種，相信很早已完全歸化[1]。土沉香是一種高度芳香的樹脂木 (所以商業上稱之為 「沉香」)，可用於製造沉香和用作中藥[94]。沉香中的高濃度樹脂被認為是用作保護植物免受真菌感染，而未受感染的樹木則不產樹脂[95]。在香港，土沉香的成熟個體經常遭到任意砍伐，從以採集具商業價值的沉香[96]。土沉香目前是易危物種[97]，在中國受到法律保護[98]。

歷史上，香港是向亞洲其他地區出口土沉香的重要樞紐，大部分沉香會經香港仔石排灣出口。港口稱作「香港」，後來港口名稱被誤用作整個城市的名稱。

土沉香有黃綠色的花朵，開在小花序裡。每朵花都是雙性花，五枚萼片融合形成萼筒，頂端有10枚小花瓣[93]。果實為呈倒卵形的蒴果，成熟時會裂成兩瓣；種子 (每枚果實只有一至兩粒) 以長長的絲線垂吊在果實之下[94]。種子的傳播機制相當複雜：種子不太可能經鳥類傳播，因為種子除了肉質基部的附屬物質 (種阜〔caruncle〕) 外，並無明顯的營養價值。該屬的其他物種已證實傳播能力有限，因此被推斷種子經重力傳播[100]。然而，有項有趣的觀察發現，種子可能是由胡蜂 (vespid wasps) 傳播：據觀察所得，胡蜂會在懸浮的種子上降落，斷開絲線，然後帶走種子 (傳播距離平均為80米)。

圖13. 土沉香 (*Aquilaria sinensis*)。(A) 花枝。(B) 花有五塊萼裂片。(C)果實成熟裂開，種子懸掛在絲線上。

A
B
C

亮葉猴耳環

Archidendron lucidum (Benth.) I. C. Nielsen

(= *Abarema lucida* (Benth.) Kosterm.; *Pithecellobium lucidum* Benth.)

—— ∽ ——

亮葉猴耳環 (*Archidendron lucidum*；Chinese Apea ear-ring；豆科)[45]是一先鋒樹，常見於香港的灌木叢和次生林邊緣[1]。亮葉猴耳環在生態演替早期是成功的物種，部分原因是亮葉猴耳環長出的根瘤含有共生絲狀細菌[102]；這些細菌可以將大氣中的氮氣轉化為高氮化合物，以供樹木使用。然而，亮葉猴耳環一般不會在演替後期的封閉樹冠林持續生長。

樹上開出10至20朵圓形小花，每朵花都有融合的白色花瓣 (4至5毫米長) 和許多長長的雄蕊，從花中伸出，因此花序呈羽毛狀。

花受精後發育成碩大的果莢 (15至20厘米長，2至3厘米闊)，類似同屬的植物海紅豆 (*Adenanthera microsperma* (詳見))。莢果成熟時會沿兩道縫隙裂開，兩塊瓣膜會向相反方向扭曲，盤繞形成獨特的螺旋形。然而，亮葉猴耳環和海紅豆亦有不同之處，前者的果莢成熟時呈鮮紅色，藍黑色的種子會懸掛在果壁上。種子和果壁色差很大，演化出這種特徵的原因很可能是為了吸引鳥類傳播種子[68,103]。亮葉猴耳環採取的傳播機制亦可能和海紅豆相似，種子狀似小漿果，欺騙果食雀鳥吞食。

圖14. 亮葉猴耳環 (*Archidendron lucidum*)。(A) 花枝：花序呈圓形，由乳白色的小花組成。(B)單花。(C) 成熟的果莢裂開，鮮紅色的果壁懸掛著藍黑色的種子。

A
B
C

羅傘樹

Ardisia quinquegona Blume

(= *Ardisia pauciflora* Heyne ex Roxb.)

羅傘樹 (*Ardisia quinquegona*；Asiatic Ardisia；紫金牛科)[104]是非常常見的林下灌木或小樹，高度可達5米[1]。正如種小名「*quinquegona*」所指，花器以五的倍數排列　（花五數），有五塊融合的白色或粉紅色花瓣；另有五枚雄蕊，每枚均位於一塊花瓣的內側，並與之融合；以及一枚由五塊心皮組成的雌蕊。

單種子果實直徑為為5至7毫米，帶肉質，略呈五角形。果實可供鳥類進食[63]，從而傳播種子：果肉已證實含有豐富的葡萄糖和蔗糖[63]，而透過鳥類傳播果實的物種都具備這種典型特徵；每個果實 (核果) 有一堅韌的內層包圍種子，種子通過鳥類的消化道時可提供保護。

許多植物物種已經演化出與細菌的共生關係，這些細菌可以固定大氣中的氮，否則宿主植物就無法得到氮；而這些細菌菌落一般都長在植物的根瘤上　（例如亮葉猴耳環〔*Archidendron lucidum*〕和木麻黃〔*Casuarina equisetifolia*, 詳見〕）。然而，許多紫金牛屬 (*Ardisia*) 植物(例如香港原生的珠砂根〔*Ardisia crenata*〕，但不包括羅傘樹) 都在此共生方面出現不尋常的變異：這些紫金牛屬植物的細菌菌落位於葉緣而非根瘤[105]。樹枝莖端上有嫩葉包圍端室，葉子上部表面的毛會分泌粘液，滋養端室中的共生細菌[106]。新長出的葉子亦通過葉緣孔隙接種到細菌，從而把細菌帶到新葉的邊緣葉瘤[107]。由於細菌也進入了尚在發育的花蕾，共生關係的複雜性甚至可以跨代遺傳，胚胎在充滿細菌的粘液裡發育，並將細菌傳到初生的芽尖[108]。

圖15. 羅傘樹 (*Ardisia quinquegona*)。(A) 花枝：粉白色花朵組成鬆散的花序。(B) 花。(C) 果枝，肉質核果呈五角形。

A
B
C

白桂木

Artocarpus hypargyreus Hance ex Benth.

(= *Ficus laceratifolia* auct. non Lévl. & Van.)

———— ∽ ————

白桂木 (*Artocarpus hypargyreus*；Silver-back Artocarpus或Sweet Artocarpus； 桑科)[109]是香港的常見樹種[1]，亦常種植在風水林裡[30]。白桂木和榕屬樹種 (如變葉榕〔*Ficus variolosa*, 詳見〕) 同為桑科植物，該科植物的特點是花朵大幅收縮，聚集成緊密的花序，並發育成帶有肉質的果序 (聚合果〔syncarp〕)。然而，白桂木和榕屬植物都有不同之處，後者的花序完全內陷和中空，而桂木屬 (*Artocarpus*) 有圓形的花序，花長在外部。花單性，花序亦只由單性花組成。

肉質的聚合果 (直徑3至4厘米) 味道帶甜，含豐富蔗糖和葡萄糖[63]。在香港，獼猴 (*Macaca* species) 會直接從樹上摘下果實，吃掉果肉並吐出種子；由於獼猴會在頰囊內短期儲存食物，種子便可傳播得更遠[2]。然而種子亦肯定有其他的傳播方式，因為在過去150年的大部分時間裡，香港都沒有獼猴的記錄：在沒有獼猴棲息的森林裡，果子狸會吃掉落在地上的果實，相信牠們也會傳播種子[62, 110]。

白桂木和麵包樹 (*Artocarpus altilis*) 和大樹菠蘿 (*Artocarpus heterophyllus*) 關係密切。這兩種重要的經濟作物都因為果實帶有肉質而得到種植[111]。麵包樹已確認是在十八世紀西印度群島上奴隸們的一種潛在主食作物。人們首次在大溪地採集麵包樹活樹的一段歷史可謂臭名昭著，亦成為我們一份文化和歷史遺產：威廉·布萊中尉 (Lieutenant William Bligh) 乘坐邦蒂號 (H. M. S. Bounty) 從英國前往大溪地，展開漫長旅程 (1787 – 88年)。1789年4月，弗萊徹·克利斯蒂安 (Fletcher Christian) 策動叛變。布萊中尉乘坐小艇前往帝汶 (Timor)，迂迴曲折的航程長達3,600英里，過程歷盡艱辛，後來船員之間發生摩擦和衝突，最後亦面臨軍事法庭審判，這段經歷已經成為文學和電影的傳世經典[112,113]。

圖16. 白桂木 (*Artocarpus hypargyreus*)。(A)花枝：大幅縮小的花構成緊湊的花序。(B) 成熟的果實 (聚合果)。

A
B

桃葉珊瑚

Aucuba chinensis Benth.

桃葉珊瑚 (*Aucuba chinensis*；Chinese Aucuba；絞木科)[114] 是一灌木狀植物，一般可達6米 (長成12米的小樹較罕見)，常見於香港大帽山、大東山和黃泥涌等地[1]。桃葉珊瑚屬植物有多變的生長習性和葉形，分類學對該屬的物種數量亦有不同意見，有人認為桃葉珊瑚屬只含一種形態多變的物種 (即青木〔*Aucuba japonica*〕)，亦有說法指該屬有多達12種物種[115]。不過，桃葉珊瑚 (此處指*Aucuba chinensis*) 早就被視為一有效物種：1861年，喬治•邊沁根據殖民時期外科醫生哈蘭 (W. A. Harland；1818-58) 在香港島收集的標本，在其著作《香港植物誌》 (*Flora Hongkongensis*)[8]對物種作首次描述。

桃葉珊瑚有獨立的雄花和雌花，花「四數」(tetramerous) (器官為四組) 亦引人注目：除了四塊小萼片和四塊明顯的紫紅色花瓣 (3-4毫米長)，雄花還有四個雄蕊，與花瓣交替排列。雄花和雌花的整體形狀明顯不同：雌花的心皮位於花被連接點之下 (一般稱為「下位」子房)，因此雌花從花瓣下方看來顯得修長。桃葉珊瑚有四瓣花和下位子房的特徵，因此許多分類學家不是把桃葉珊瑚歸入山茱萸科 (Cornaceae) (例如香港漁農自然護理署的《香港植物誌》便將物種歸入山茱萸科[114])，便是把物種獨立成科，歸入桃葉珊瑚科 (Aucubaceae)，為山茱萸科的近緣植物[116]。然而，近年透過基因排序的系統發生研究 (Phylogenetic studies) 發現桃葉珊瑚和北美的絞木屬 (*Garrya*)關係密切[117]，現在兩者同樣歸入絞木科，接近杜仲科 (Eucommiaceae)[13]。

桃葉珊瑚的果實是鮮紅色的「核果」(即肉質果實，內有堅韌的內果壁包裹著單一種子)，長14-18毫米，直徑8-12毫米。雖然未知香港種群的傳播媒介[62]，但其他地方的獼猴會進食桃葉珊瑚的果實[118]。

圖17. 桃葉珊瑚 (*Aucuba chinensis*)。(A) 雄花花序。(B) 雄花的四枚雄蕊與紫紅色的花瓣交替生長。(C) 雌花。(D) 果枝有紅色核果。

A
C
B
D

洋紫荊

Bauhinia purpurea × variegata 'Blakeana'

(=Bauhinia blakeana Dunn)*

—— ∽ ——

洋紫荊 (*Bauhinia purpurea × variegata* 'Blakeana'；Hong Kong orchid tree；豆科)[119] 是人工繁殖的雜交品種，由兩個自然的物種雜交而成。洋紫荊最早在十九世紀末由一位法國傳教士在香港島摩星嶺附近一間廢棄房屋發現，並移植到當時由巴黎外方傳教會經營的薄扶林療養院　(現為伯大尼修院)[120]，後來引入到香港植物園。後來種出的一株在1906年遭強烈颱風吹倒後仍然倖存，並在1914年後用作無性繁殖新的樹木[121]，所以香港和其他地方的所有個體都可能是這棵樹的後代。

洋紫荊於1908年命名為「*Bauhinia* 'blakeana'」，以紀念1898年至1903年擔任香港總督的卜力爵士[122]。最近研究證實洋紫荊是由紅花羊蹄甲 (*Bauhinia purpurea*) 和宮粉羊蹄甲 (*Bauhinia variegata*) 雜交而成的植物[123,124]。如要克服不孕的問題，雜交在物種形成過程可起關鍵作用，但是洋紫荊還須依靠人工繁殖，方法一般是將洋紫荊嫁接到其他羊蹄甲屬物種的根莖上。洋紫荊無法自我繁殖，故不宜將之視作獨立物種，所以洋紫荊不必按二名法命名。洋紫荊亦因此在2005年取名為栽培品種「Blakeana[123]」。

洋紫荊在1965年獲選為香港市花[80]，現在常以徽章形式呈現於本地的鈔票、硬幣和特區旗幟。洋紫荊這種雜交品種不具自我繁殖能力，對於中英文化交匯的香港而言，背後的象徵似乎不太吉利。

圖18. 洋紫荊 (*Bauhinia purpurea × variegata* 'Blakeana')。(A) 花枝：花的特點在於兩邊對稱，有五枚雄蕊和一塊心皮。(B) 葉子。(C) 心皮彎曲，花柄細長。(D) 彎曲的雄蕊。

B
A
C
D

木棉

Bombax ceiba L.

(*= Bombax malabaricum* DC.)

木棉 (*Bombax ceiba*; Cotton tree) 廣泛分佈於東南亞熱帶地區。雖然木棉樹並非香港的原生植物，但已在香港廣泛種植，作為路旁的觀賞樹種。香港中環的紅棉路亦因而得名。

木棉是落葉樹，結構獨特，主幹樹枝橫向伸展，並長出特有的圓錐刺。花朵相當顯眼，除了因為花朵碩大 (直徑約十厘米)，顏色深紅，還因為木棉會在三、四月迸發當季新葉之前開花。花朵含有大量花蜜，吸引各種鳥類和蝙蝠前來授粉[126,127]，然而部分鳥類已知會在未開的花蕾上刺洞，偷取花蜜。

花雄蕊的結構和排列並不常見，顯出三種明顯的類型[128]。最外層的雄蕊在基部融合成五個群組 (每組有六至三十一枚雄蕊不等)，與五個花瓣交替出現。內雄蕊包圍著相連結合的心皮，形成一個環。雄蕊有兩種長度：五枚雄蕊較長，每枚均有兩個大的花粉囊 (圖19E)；另外十枚雄蕊較短，每枚只有一個花粉囊 (圖19F)。

蒴果在五月成熟，棉花狀的纖維從中爆裂開來，與吉貝木棉 (*Ceiba pentandra*) 的纖維相似，有助小種子隨風散播 (圖20)。然而木棉與真正的棉絮不同，木棉樹纖維較短而不平整，無法扭曲，因此不能製成織物，所以木棉纖維價值有限，只能用作填充墊子等物品。

圖19. 木棉 (*Bombax ceiba*；果實見於圖20)。(A) 花枝：顯示不同成長階段的花芽和成熟的花朵。整棵樹的單色圖呈現特有分支模式和樹幹上的刺。(B) 花 (縱切面)：顯示不同長度的雄蕊。(C, D) 花托 (全體縱切面)。(E) 較長的雄蕊有兩個花粉囊。(F) 較短的雄蕊有一個花粉囊。

A
F
C
D
E
B

圖20. 木棉 (*Bombax ceiba*；花朵見於圖19)。(A) 未開的果實。(B) 打開的果實，露出大量棉花狀纖維。(C) 纖維裡的小種子。

A
C
B

木欖

Bruguiera gymnorhiza (L.) Savigny

(=*Rhizophora gymnorhiza* L.)

———〜———

木欖 (*Bruguiera gymnorhiza*；Many-petaled mangrove；紅樹科)[129] 是香港僅有的八種真正適合在紅樹林生境中生存的植物物種之一 (本書亦會介紹另外兩種，即銀葉樹〔*Heritiera littoralis*〕和秋茄樹〔*Kandelia obovata*〕)。紅樹林是潮間帶生態系統，淡水排放加上潮汐沖刷，導致該地鹽度波動較大，因此紅樹林生境對植物的生存極具挑戰性，植物須面對的威脅包括高溫、乾燥、缺氧和基質變化。為了適應嚴峻的生態環境，紅樹有著不少形態特徵：紅樹有「支柱根」，有助於在因潮汐淹沒而不穩定的土壤上支撐樹木；樹木的「膝狀根」會從土壤表面突出，有助於在缺氧的土壤中通氣；「胎生」(vivipary) 的演化使種子發芽時仍然依附着母株[130,131]，因此即使條件不穩定，但紅樹仍能夠迅速長成樹苗。

木欖的花呈下垂狀，有11-13塊深紅色的萼片，基部融合成一條2厘米長的管子，花瓣數量和萼片相同，每塊花瓣頂端有三至四條刺毛 (apical bristles)。木欖的花可能經鳥類授粉，暗綠繡眼鳥 (*Zosterops japonicus*) 能利用刷狀舌頭來飲用木欖的花蜜[2]。

木欖的種子會提前發芽，但仍然會附在母體植物身上，這種現象稱為「胎生」。種子受精後不久就開始發芽，形成細長的「胚軸」(即是嫩芽的下半部，位於「子葉」下面)，外觀近似果實。木欖的幼苗和同科近親物種秋茄樹的幼苗非常相似，兩者的幼苗會早熟發育，因此可以迅速生長。

圖21. 木欖 (*Bruguiera gymnorhiza*)。(A) 可孕枝上面有花，下面有胎生幼苗，宿存花萼由融合的紅色萼片組成，包圍著幼苗。(B) 花瓣帶刺毛。(C) 樹幹底部有獨特的「支撐根」。

A
B
C

裸花紫珠

Callicarpa nudiflora Hook. & Arn.

(= *Callicarpa reevesii* Wall. ex Schauer)

—— ❧ ——

裸花紫珠 (*Callicarpa nudiflora*；Callicarpa；唇形科)[132]是一種先鋒灌木或小型喬木，可達4米高 (鮮有長到7米高)，常見於灌木叢[1]。花朵細小，但外觀吸引，呈粉紅色或紫色，聚集成大型的圓形花序，直徑為8-13厘米。每朵花有一個杯形花萼，由四塊萼片融合而成，花瓣亦融合形成一條長約2毫米的管。花柱和雄蕊遠遠突出於花冠筒之外，因此花序外觀不太緊密。該屬植物的授粉生態學文獻少得令人驚訝。花或能夠吸引蝴蝶[133]，蝴蝶探入花中採蜜時可能會在花藥和柱頭之間傳播花粉。

果實是小的紫色「核果」(一種類似漿果的果實，種子由堅韌的內果層包圍)，經鳥類散佈的果實都有這種典型特徵[62]。果皮的顏色處於鳥類的視覺感知範圍內；果實大小 (直徑約2毫米) 是鳥類喙部大小之內；堅韌的內果壁可以在種子通過鳥類的腸道時保護種子。紫珠屬物種的糖份分析顯示，果實含豐富葡萄糖和果糖，也是經鳥類傳播的果實所具備的典型特徵[63]。

裸花紫珠在內的紫珠屬對傳統中藥彌足輕重，亦有大量關於紫珠屬的植物化學和藥理學文獻。研究發現紫珠屬物種具有抗炎、免疫、止血、保護神經和鎮痛等特性[134]。

圖22. 裸花紫珠 (*Callicarpa nudiflora*)。(A) 花枝：大型花序由許多紫粉色小花組成，雄蕊延伸至花冠筒的頂部以外。(B) 單花。(C, D) 一簇紫色的果實。

A
B
C
D

紅皮糙果茶
Camellia crapnelliana Tutch.

紅皮糙果茶 (*Camellia crapnelliana*；Crapnell's Camellia；山茶科)[69]有鮮明的橙紅色樹皮，很容易和其他本地山茶屬物種區分起來。1903年，德邱 (William J. Tutcher) 在香港柏架山南坡發現該物種的一個個體，隨後於1905年正式描述和命名物種[135]。自然存活的紅皮糙果茶種群很罕見：除了最初的採集地點外，只見於西貢茅坪 (茅坪也因為發現紅皮糙果茶而列為具特殊科學價值地點)[136]。現時紅皮糙果茶在香港和中國內地都受到法律保護[136]，人們會在原地培育幼苗，並把物種重新引入野外[98, 137]。

紅皮糙果茶有頗大的花朵，直徑達6至10厘米，花瓣長3.5至6.5厘米[69]，然而香港部分其他山茶屬植物所開的花還要大。每朵花有6至8枚漂亮的白色花瓣，雄蕊數目繁多，都有著長長的金黃色花絲，花還有一枚由3至5塊心皮融合而成的複合雌蕊。

果實為碩大 (直徑達5至10厘米) 的蒴果。種子很可能經齧齒類動物傳播，這些動物會儲存種子供日後食用，多餘和遺留下來的種子 (或者儲存種子的齧齒類動物已經死亡) 便有機會發芽[2]。其他山茶科物種亦證實會透過這種稱為「分散囤積」的方式來傳播種子[138]，而許多殼斗科 (Fagaceae) 物種 (例如黧蒴錐〔*Castanopsis fissa*, 詳見〕) 既會採用相同的種子傳播方式，也會結出類似的大型乾果[2]。香港很多樹種所結出的果實似乎亦適合以「分散囤積」傳播種子，但能夠傳播種子的齧齒動物在香港已告消失[139]，所以採取這種傳播機制的樹種，例如紅皮糙果茶，數目往往較為稀少，次生林裡亦明顯缺少了這些樹種[110]。

圖23. 紅皮糙果茶 (*Camellia crapnelliana*)。(A) 花枝長出巨大而豔麗的花朵。(B) 果實碩大而乾燥。

A
B

香港茶
Camellia hongkongensis Seem.

———— ∽ ————

香港茶 (*Camellia hongkongensis*；Hong Kong Camellia；山茶科)[69]是香港唯一開紅花的原生山茶品種，其他品種的花都是白色的 (如紅皮糙果茶〔*Camellia crapnelliana*，詳見〕)，而本地栽培的幾個品種則有粉紅色或紅色的花。花瓣六至七片 (3.5至4厘米長)，基部略微融合。花有許多黃色的雄蕊 (約3厘米長)，並在花瓣的底部融合。香港茶和栽培的山茶 (*Camellia japonica*) 不同，雌蕊有三至四條未融合的花柱，而雖然山茶亦有紅色的花朵，但花柱融合。

1837年，法國植物學家查爾斯•高迪肖•貝奧珀(Charles Gaudichaud-Beaupré)進行最後一次環球航行，途中在交趾支那沱灢 (Tourane, Cochinchina；今越南峴港) 附近發現香港茶[140]。約翰•艾爾中校 (Lieutenant-Colonel John Eyre) 隨後在1849年於香港採集香港茶，但只發現三株[140]。早期的植物學家認為香港茶是廣泛栽培的山茶的一種野生形態[141]，但後來在1859年，Berthold Seemann確認香港茶是一個新物種[140]。十九世紀末，曾有造林計劃試圖種植香港茶，但成效不彰[25]，香港茶在香港仍然非常罕見，只於香港島和南丫島數處有發現[136]。香港茶現在受到香港的《林區及郊區條例》保護，亦得到積極栽培，從而重新引入野外。

香港茶的果實是堅硬的「蒴果」(capsule)，直徑約3厘米[69]。香港茶和其他山茶屬物種一樣[138]，種子可以經「分散囤積」的方式散佈，齧齒動物會儲存種子供日後食用 (見紅皮糙果茶條目)。在生態學上，適合作種子傳播媒介的齧齒動物已經在香港消失，香港茶等物種或因而變得較為罕見[139]。

圖24. 香港茶 (*Camellia hongkongensis*)。(A) 花枝有碩大而豔麗的花朵。(B) 乾糙的果實。

A
B

黧蒴錐

Castanopsis fissa (Champ. ex Benth.) Rehder & E. H. Wilson

(= *Quercus fissa* Champ. ex Benth.)

—— ❧ ——

黧蒴錐 (*Castanopsis fissa*；Chestnut oak；殼斗科)[142]是一種常見的本地樹種，由於與橡樹 (櫟屬 *Quercus*) 關係密切，因此最初亦歸入櫟屬。花單性，高度縮小，形成長8至15厘米的穗狀花序，而穗狀花序亦聚集成大型「圓錐花序」(panicles)。在每個圓錐花序裡，大部分雄性穗狀花序都處於雌性頂生穗狀花序下方，但是單性的穗狀花序有時亦會出現雄花和雌花混合的情況。枝條融合形成「殼斗」(cupule)，包圍雌花[143]，外部由同心圓形的小塊莖 (tubercle) 覆蓋，(但黧蒴錐沒有同屬許多物種特有的刺)[142]。錐屬 (*Castanopsis*) 物種可以在殼斗內長出多達三朵雌花，但在蒴黧錐則只有一朵[144]。

花朵的主要訪花物種是東方蜜蜂 (*Apis cerana*)，其他訪花者包括麗蠅 (calliphorid flies) 和灰蝶 (lycaenid butterflies)[61]。花朵一經受精，殼斗便會擴大，直徑可增至1.5厘米，並分裂成兩至四塊不規則的裂片[142]。每個殼斗內有一枚堅果。

果實可能由齧齒動物透過「分散囤積」傳播[110,145]。然而，香港已不再有這些傳播媒介，所以在香港這種以人類主導的環境裡，黧蒴錐及其他近親物種同樣難以傳播。可幸的是，香港已經透過重新造林政策廣泛種植蒴黧錐，而苗圃培育的樹苗亦經常種於馬尾松 (*Pinus massoniana*) 植林裡[25]。

圖25. 蒴黧錐 (*Castanopsis fissa*)。(A) 花枝：花高度縮小，形成大型圓錐花序。(B) 殼斗內的果實。

A
B

木麻黃

Casuarina equisetifolia L.

—— ❧ ——

木麻黃 (又稱牛尾松；*Casuarina equisetifolia*；Horsetail tree or She-oak；木麻黃科)[146]可長至35米高。物種的特點在於細長的下垂枝條有獨特的「關節」，每個結節 (node) 都有6至8片高度縮小的葉子環繞枝條。葉子的演化特徵減少了水分流失，可能使樹木更能適應乾燥和含鹽鹼的環境；光合作用功能已經從葉子轉移到細長的枝條進行，枝條含有葉綠素，所以呈綠色。枝條的「關節」狀似草本蕨類植物木賊 (*Equisetum*，英文又名Horsetail) 的莖部[147]，由於彼此外觀相似，所以木麻黃的種小名「*equisetifolia*」(意思是「帶木賊葉的植物」〔*Equisetum*-leaved〕)，英語亦稱之為「Horsetail tree (馬尾樹)」。

木麻黃原生於澳大利亞，但已由香港政府透過重新造林計劃在本港廣泛種植[25]，木麻黃生長速度快，能耐受較為貧瘠的土壤，主要原因是樹根上的小結根瘤與固氮絲狀細菌菌落維持共生關係。細菌會製造氨，為樹木提供含氮的重要營養[148]。因此，木麻黃既能適應貧瘠的沙質土壤，亦能在含鹽鹼的環境裡生存，當中包括定時受海水淹浸的區域，所以木麻黃常常用作穩定沙丘和控制海岸侵蝕[80]。

花高度縮小，單性花朵同時在同一棵樹上生長：雄性花簇生長在枝條末端的小穗上 (1至4厘米長)，而雌花則聚集在圓形的側枝上。花粉經風力傳播[149]，果實結構像小松果 (圖26 (B)、(C))，但是亦有一對堅硬的木質苞片，包裹著每朵雌花結出來的果實。苞片分離，釋放出單種子的果實 (圖26 (D))，果實有翅膀 (故亦稱為「翅果」)，可隨風飄散[68]。

圖26. 木麻黃 (*Casuarina equisetifolia*)。(A) 果枝：細長的綠色枝條上有高度縮小的輪狀葉片。(B) 翅果釋放前尚未成熟綠色多肉果。(C) 木質苞片分離後的棕色多肉果。(D) 有翼果實 (翅果)。

A
B
C
D

朴樹

Celtis sinensis Pers.

(= Celtis tetrandra Roxb. subsp. *sinensis* (Pers.) Y. C. Tang)

———— ✿ ————

朴樹 (*Celtis sinensis*；Chinese hackberry or Chinese nettle tree；大麻科)[150]是一種常見的本地樹種，亦已廣泛種植於公園和路邊作觀賞植物。樹種生長速度緩慢，能適應各式各樣的土壤。朴樹根系發達，木質堅固，因此抵禦颱風破壞的能力很強，而且壽命一般都很長[80]。朴樹耐受空氣污染，因此是香港路邊種植的理想遮陽樹種[80]。

香港有不少樹種是常綠的物種　(或者是落葉樹種，但無葉期非常短暫)，但朴樹每年都有超過一個月的無葉期[2]。

過去朴樹被歸入榆科 (Ulmaceae)，榆科特點在於花朵細小，而且不帶花瓣。然而朴樹的花則有四至五塊萼片，每塊萼片上方都有數目相同的雄蕊。由於部分花朵沒有雌性生殖器官，因此在功能上是屬於雄性，但同一個體上的其他花朵會長出複合雌蕊　(由兩塊心皮融合而成)，因此整株樹在功能上屬於雌雄異花同株。花朵經由東方蜜蜂 (*Apis cerana*) 授粉。

果實是細小的紅褐色「核果」(類似漿果的果實，有堅硬的內壁)，直徑為5至7毫米[150]，內有一粒種子，直徑約4.5毫米。鳥類會進食果實，所以是有效的種子傳播者[62]。有趣的是，有些朴樹結出的果實遠多於鳥類所吃的數量，剩下的果實會留在樹上變乾，但背後的科學原因仍有待進一步研究。

圖27. 朴樹 (*Celtis sinensis*)。(A) 果枝上的果實仍尚待成熟。(B) 葉子的背面。(C) 雌花有四枚雄蕊和一枚複合雌蕊。(D) 雄花結構與雌花相似，但沒有雌蕊。

A
B
C
D

海杧果

Cerbera manghas L.

(=*Cerbera odollam* auct. non Gaertn.)

海杧果 (*Cerbera manghas*；Cerbera or Sea mango；夾竹桃科)[151]是一種常見的海濱物種，廣泛分佈於亞洲的熱帶地區。花和葉的特點在於簇擁在樹枝的末端。海杧果是典型的夾竹桃科植物，折斷後會流出粘稠的白色乳汁，乳汁含有有毒的醣苷，可導致心臟病發[79,152]。然而，海杧果的毒性不及同屬其他物種，其他同屬物種因用於自殺和謀殺而臭名遠播，有部落會用乳汁作「神明裁判的毒藥」，希望利用超自然力量來確定罪責[153]。通用名稱「Cerbera」顯然出自希臘神話裡守衛地獄之門的三頭犬克爾柏洛斯 (Cerberus)，用作描述植物的劇毒特性[74]。

花有一個管狀的花冠 (2.5至4厘米長)，由五塊融合的白色花瓣組成，管頂有一圈淡紅色的環[151]。海杧果和許多夾竹桃科物種一樣，花瓣裂片 (1.5至2.5厘米長) 扭曲，重疊於一側[151]。每朵花有五枚雄蕊，附著在花冠筒的頂部。

果實 (6厘米長) 成熟時呈紅色，帶肉質，這些特徵顯示海杧果可能被動物進食，並協助種子傳播。雖然曾有幾份報告顯示蝙蝠會進食海杧果的果實[154]，但是海杧果經常通過海水傳播[155,156]，果實外部的肉質部分 (果皮) 腐爛後，果實經常會沖上岸邊，露出纖維狀的內層[157]。

圖28. 海杧果 (*Cerbera manghas*)。(A) 花枝：一簇頂生的葉子和花。(B) 尚未成熟的綠色果實。(C) 成熟的紅色果實 (左)，果壁腐爛後有纖維狀殘餘物 (右)，常見於沖上岸邊的果實。

樟

Cinnamomum camphora (L.) J. Presl

(=*Laurus camphora* L.)

—— ❧ ——

樟 (*Cinnamomum camphora*；Camphor tree；樟科)[158]是一個令人印象深刻的物種，有些個體可以生長至30米高，壽命可以長達1,000年[80]。樟樹常見於村莊附近和風水林裡[1,30]，所以植物學家知道樟樹並非香港的原生植物[10]，但是樟樹現在已經完全歸化[1]。

樟樹有芳香木材，可製成樟腦，因此得到廣泛種植。樟腦是一種萜類化合物，用途廣泛，可用於烹飪、藥用和殺蟲。樟腦容易經皮膚吸收，可以當作麻醉劑使用，降低人體的熱敏感性[159]，所以許多商業生產的「降溫」凝膠都會以樟腦作為有效成分。樟腦具有抗菌特性，對許多昆蟲有毒，所以亦是樟腦丸的主要成分。樟樹的木材非常芳香，是製作箱子和櫃子的理想材料，適合長期儲存需要抑制真菌和防止蟲害的物品。

細小的花朵 (直徑約3毫米) 簇擁成3.5至7厘米長的花序[158]。樟樹與同科的大部分物種一樣 (如木薑子〔*Litsea cubeba*〕和絨毛潤楠〔*Machilus velutina*, 詳見〕)，花有九枚雄蕊，以三枚一輪排列，另有一輪三枚不育的雄蕊 (退化雄蕊)。花主要經由東方蜜蜂 (*Apis cerana*) 授粉，但是許多昆蟲都會前來訪花，例如麗蠅 (calliphorid)、食蚜蠅 (syrphid)、鳳蝶 (papilionid) 和粉蝶 (pierid)。

果實細小 (直徑為6至8毫米) 且帶有肉質，成熟時會變成紫黑色[158]。許多不同種類的鳥類已發現會食用樟樹的果實，所以這些鳥類都可能是種子傳播者[51,62]，但是樟樹的幼苗卻較為罕見，原因可能是幾乎所有的種子都被珠頸斑鳩 (*Spilopelia chinensis*) 吃掉，斑鳩是「種子取食者」(Seed Predator)，並不會傳播種子[51]。十九世紀末，政府把樟樹納入還林計劃[25]，因此，如今所見樹齡大的樟樹都可能是以樹苗種植得來，而非經過自然播種成長。

圖29. 樟樹 (*Cinnamomum camphora*)。(A) 花枝有一簇簇白色的小花。(B) 單花。(C) 紫黑色的細小聚合果。

A
B
C

黃牛木

Cratoxylum cochinchinense (Lour.) Blume

(= *Cratoxylum ligustrinum* (Spach) Blume; *Cratoxylum polyanthum* Korth.)

黃牛木 (*Cratoxylum cochinchinense*；Yellow cow wood；藤黃科或山竹子科)[160] 屬於原生樹種，常見於灌木叢和早期次生林裡。樹皮光滑，剝落後可以看到特有的黃色、棕色和綠色斑塊。中文和英文常用名稱源自樹皮與當地牛隻皮膚相似的外觀。

黃牛木與人工栽培的山竹 (*Garcinia mangostana*) 同屬藤黃科。藤黃科植物的花通常有五塊明顯的花瓣，眾多雄蕊聚集成十束 (fascicle)，並分成兩輪，每輪有五束：兩輪雄蕊的外側與花瓣交替並生，不育，形成「簇生」(fasciclodes) 結構，成熟時會膨脹，迫使花瓣分開，從而打開花朵[161]。然而黃牛木的情況經演化後則有所改變：花朵相對較小 (直徑約1厘米)，有五塊重疊的紅色花瓣，雄蕊可育，聚集成三個束集，似乎相鄰的束集互相融合 (排列為「2+2+1」)[162]；而不育的束集則減少到只有三個。花雙性，有一個具三個柱頭的複合雌蕊，由三塊心皮融合而成。花可以透過各種蜜蜂授粉，當中以東方蜜蜂 (*Apis cerana*) 最為常見[61]。

黃牛木花有巨大的萼片，花受精後仍然存在，甚至在成熟的果實裡亦顯然易見。果實是乾燥的「蒴果」(capsules)，成熟時會分成三個部分，然後釋放種子。每顆種子都有一塊側翼，藉此透過風力傳播[103,163]，所以黃牛木較其他以動物傳播的物種更容易擴散到受破壞地區。黃牛木是重要的先鋒物種，因為黃牛木為鳥類提供棲息地，鼓勵鳥類攜帶其他物種的種子前來，形成種子沉積的現象，為隨後的生態演替鋪路[163]。

圖30. 黃牛木 (*Cratoxylum cochinchinense*)。(A) 花枝有一簇簇小紅花。(B) 單獨的花朵。(C) 剖開的花顯示花的組成器官 (從左到右排列)：可育雄蕊束；不育束；有三個分叉柱頭的複合雌蕊；花瓣；萼片。(D) 蒴果。

A
B
C
D

嶺南青岡

Cyclobalanopsis championii (Benth.) Oerst.

(=*Quercus championii* Benth.)

—— ↻ ——

嶺南青岡 (*Cyclobalanopsis championii*；Champion's oak；殼斗科)[142]是一種大型喬木，可達約20米高，常見於香港偏遠峽谷的殘餘林地[1]。青岡屬 (*Cyclobalanopsis*) 與「真正」的橡樹 (*Quercus*) 關係非常密切，後者歸入櫟屬 (*Quercus*)，而當代有不少分類學家都傾向將青岡視作櫟屬的一個亞屬，並指出青岡代表了亞洲橡樹一個獨特的演化譜系[164]。

嶺南青岡的風媒花非常細小，單性花分別聚集在花序中，並同時會在同一棵樹上生長出來。雄性花序 (4至8厘米長) 下垂，雌性花序則較短 (約4厘米長) 而呈直立狀[142]。每朵雌花由一個「總苞」包圍，總苞由重疊的苞片融合而成。

青岡屬 (*Castanopsis*) 和櫟屬植物的果實容易被視作橡實，其中一個單獨的堅果嵌在一個稱作「殼斗」的杯狀結構內。殼斗可能是由融合花序的枝條演化而成[143]。果實與香港其他殼斗科樹種 (如黧蒴錐〔*Castanopsis fissa*, 詳見〕和柯〔*Lithocarpus glaber*, 詳見〕) 一樣依賴齧齒動物以「分散囤積」的方式傳播種子。牠們會傳播和儲存堅果以供日後食用。然而香港早已沒有齧齒類動物進行「分散囤積[139]」，所以次生林裡鮮有樹種仍依賴這套機制傳播果實。

橡實內的堅果有一層堅硬的外殼，在種子發芽前會保護胚胎幼苗。在演化的壓力下，堅果的硬度取得微妙的平衡：堅果太脆弱只會導致齧齒動物大量進食，但太硬的堅果則無法吸引齧齒動物，因此難以散播開來。

圖31. 嶺南青岡 (*Cyclobalanopsis championii*)。(A) 花枝：下垂的雄花序。(B) 葉子 (上、下部表面)。(C, D) 雄花序。(E) 橡子：殼斗內嵌著一枚單獨的堅果。

A
B
C
D
E

南嶺黃檀

Dalbergia assamica Benth.

(=*Dalbergia balansae* Prain)

—— ɷ ——

南嶺黃檀 (*Dalbergia assamica*；South China rosewood；豆科)[165]原產於中國西南部、中南半島 (Indochina) 和印度東北部。本種在香港野外很罕見，於大帽山曾有發現，但可能是人為種植：由於花序龐大 (長達10厘米)，加上紫白色的花朵外觀吸引，所以經常在香港各處栽培，當作觀賞植物。香港有六個黃檀屬 (*Dalbergia*) 物種，其中三種是攀援植物，一種是灌木，但只有印度黃檀 (*Dalbergia sissoo*；從印度引進) 和南嶺黃檀是喬木。兩者易於區分。印度黃檀每片葉子只有三至五塊小葉，而南嶺黃檀則有十三至十五塊。

南嶺黃檀的花朵有蝶形花亞科 (papilionoid) (如鳳凰木〔*Delonix regia*〕和凹葉紅豆〔*Ormosia emarginata*, 詳見〕) 的典型特徵，左右對稱，有一塊較大的上部花瓣 (旗瓣〔standard〕)，側面有一對「翅膀」，下面有兩塊「龍骨瓣」(keel petals)。每朵花有十枚雄蕊，融合成兩束，每束五枚，還有一塊心皮。莢果相對較小 (5-6 × 2-2.5平方厘米)，內有一至兩顆種子 (四顆較罕見)，以風力傳播。莢果在夏末成熟，一般會留在樹上，宿存至翌年春天長出新葉[157]。

許多黃檀屬喬木，例如南美樹種巴西玫瑰木 (*Dalbergia nigra*；Brazilian rosewood) 都因其珍貴的芳香木材而遭到砍伐。在中國，黃花梨是最搶手的紅木，黃花梨木材來自降香黃檀 (*Dalbergia odorifera*)，自明末和清代開始廣泛用於製作高級傢俱[166]。許多黃檀屬物種難免遭到過度開採，所以中國的降香黃檀物種現在已被列作易危物種[167]。

圖32. 南嶺黃檀 (*Dalbergia assamica*)。(A) 花枝：花序紫白色的花朵組成。(B, C) 花朵。(D) 果枝：果莢細小而乾燥，裡面只有一至兩顆種子。

A
B
C
D

牛耳楓
Daphniphyllum calycinum Benth.

—— ❧ ——

牛耳楓 (*Daphniphyllum calycinum*；Daphniphyllum；交讓木科)[168]是一種灌木或小樹種　(可生長至5米高)，常見於香港的灌木叢和林緣地帶[1]。葉子厚而帶革質，雖然以交替方式排列，但都聚生於枝頂，形態看似輪生。每棵樹只會開一種性別的花 (以確保個體不能自我受精，從而促進種子的遺傳多樣性)。花朵高度縮小，兩性花朵均無花瓣，萼片縮成小型裂片。雄花有九至十枚雄蕊，每枚雄蕊有一條短短的花絲和明顯的長方形花藥，而雌花則有兩塊融合的心皮。

牛耳楓果實細小 (約1厘米長)，屬單種子「核果」(drupes) (類似漿果，但帶有堅韌的內果壁作保護)。果實呈藍色，表面有一層蠟質或粉狀的霜，極能吸引鳥類這種主要的果食動物[62]，(但亦有記錄指果子狸也是傳播牛耳楓種子的動物[53])。曾有比較研究計算果實的壽命，發現牛耳楓果實成熟後只消一星期便會被鳥類取食，但如果果實被密封在保護袋內，以防止果食動物進食，那麼果實的保鮮期可達三個月[169]。果實有較長的壽命，原因可能是果肉含有效的化合物，能夠抵抗微生物。牛耳楓這種特徵並不尋常，因為抵抗微生物感染能力顯著的果實一般都較難吸引食果動物，所以牛耳楓等物種或有藥用研究潛力，未來或可用於延長重要商業水果作物的保質期。

鋁是土壤裡很常見的物質，但一般都以無害的鋁氧化物或鋁矽酸鹽的形式存在；然而，一但土壤酸化，鋁質便會溶解，形成三價陽離子 (Al^{3+})，即使濃度較低，但對許多植物而言仍然有毒[170]。交讓木屬物種已經演化出在葉片結合和累積鋁質的化學機制[74]，因此可以在鋁含量高的酸性土壤上生長。

圖33. 牛耳楓 (*Daphniphyllum calycinum*)。(A) 花枝：雄花花簇。(B) 俯瞰雄性花序。(C) 雄花。(D) 果枝：核果呈藍色，表面帶有蠟質或粉質的霜。(E) 核果有宿存的萼片。

"

A
B
C
D
E

鳳凰木
Delonix regia (Bojer) Raf.

鳳凰木 (又稱金鳳；*Delonix regia*；Flame-of-the-forest；豆科)[119]是其中一種最具魅力的熱帶樹種，有一簇簇碩大而豔麗的紅花。1828年，溫澤爾‧博耶爾 (Wenzel Bojer) 在馬達加斯加東部首次發現該物種，並將之引入毛里裘斯栽培[171]；後來亦成為在其他地方栽種的鳳凰木的起源。現在該樹種得到廣泛種植，成為熱帶潮濕地區的觀賞樹。多年來，鳳凰木被指已在野外滅絕，但在1932年又重新發現[172]。經常有描述聲稱鳳凰木在原生棲息地極為罕見，但後來又有人發現幾個原生種群[173]。

儘管鳳凰木在各地廣泛種植，但人們對鳳凰木花卉的生物學知識不多：鳳凰木是一種典型「知其然而不知其所以然」物種，名字雖然耳熟能詳，但對這種植物的認識卻很少[171]。訪花動物 (鳥類和蝴蝶) 的相關報告都來自原生地以外的栽培個體，然而人們認為鳳凰木主要是由鳥類授粉，並且是從蝴蝶授粉的祖先演化而成，花色為淡白色。

花兩邊對稱，最上面的花瓣 (旗瓣；standard) 有明顯條紋。每朵花都在清晨開放，持續兩天後，花瓣便開始脫落：第一天，旗瓣會完全張開，花朵產生大量花蜜，花藥裂開並釋放花粉；第二天，旗瓣便折疊起來，花蜜變得不再豐富，柱頭轉變成授粉形態[171]。所以雄蕊較心皮成熟得早 (現象稱為「雄花先熟」〔protandry〕)：花的雌雄功能呈時間上的分離，目的在於把花內自花授粉機會減到最少，從而增加後代的遺傳多樣性。此外，花序裡每朵花都會順序發育，彼此至少相隔一天，避免過多花朵在同一時間綻放。

圖34. 鳳凰木 (*Delonix regia*)。(A) 花枝：花兩邊對稱，上面的旗瓣帶有明顯的色素。(B) 十枚圍繞心皮的雄蕊螺旋而生。

A

B

龍眼

Dimocarpus longan Lour.

(=*Euphoria longan* (Lour.) Steud.; *Nephelium longana* Cambess.)

—— ✸ ——

龍眼 (又稱桂圓；*Dimocarpus longan*；Longan or Dragon's eye；無患子科)[175] 是東南亞一種重要水果作物[176]，因此在當地得到廣泛種植。香港和華南地區的龍眼通常見於村莊附近的風水林，現在被認為是半歸化物種[1]。龍眼與荔枝 (*Litchi chinensis*) 是同科植物，雖然兩者並非同屬植物，但是可以進行雜交[177]。

龍眼的花序很大，內有許多小花。花通常單性，有五枚棕黃色的萼片，另有五枚白色的花瓣，長度和萼片大致相同。雄花有八枚突出的雄蕊，而雌花有兩至三枚瓣狀雌蕊 (lobed pistil)。花序內的花按照特定先後次序成熟：最先成熟的花有雄蕊，但沒有雌蕊 (即功能上屬於雄性)；隨後成熟的花有不孕雄蕊 (退化雄蕊) 和可孕雌蕊 (即功能上屬於雌性)；最後成熟的花有可孕雄蕊和發育不全的雌蕊 (即功能上屬於雄性)[177]。花與花之間在不同時間表現出不同性別，其實只是植物眾多適應特徵的一種，目的在於減少自花授粉的機會，促進基因混合，避免近親繁殖的不良後果。

龍眼除了是可食用的水果作物[176]，還可當作木材使用[80]，亦可用作傳統藥物，減輕疼痛和腫脹[178]。

圖35. 龍眼 (*Dimocarpus longan*)。(A) 花枝：大型花序由許多小花組成。(B) 單生雄花有突出的雄蕊。(C) 簇生的果實。(D) 果實打開，露出種子。(E) 「眼」狀種子嵌入肉質的內果壁。

A
B
C
D
E

羅浮柿
Diospyros morrisiana Hance

———— ∾ ————

羅浮柿 (*Diospyros morrisiana*；Morris's persimmon；柿科)[179]是一種落葉喬木，樹皮呈獨特的黑色，常見於香港的灌木叢和年輕的次生林[1]。葉底通常有明顯的花外蜜腺[180]；蜜腺產生含糖的滲出物，據稱或可以吸引更多螞蟻，對潛在的食草動物產生威懾作用。

羅浮柿的花單性，雄花聚集成兩至三個花簇，而雌花是單生花。每朵花有四枚乳白色的花瓣，融合成一條甕形的花冠管，頂端有反折的裂片。雄花有十六至二十枚有毛的雄蕊，附於花冠筒的基部，雌花具一枚融合的雌蕊和六枚不孕的雄蕊 (退化雄蕊)。蜜蜂 (特別是東方蜜蜂〔*Apis cerana*〕) 和黃蜂都會訪花[61]。

羅浮柿的果實是肉質漿果，成熟時呈黃色。由於體積大 (直徑約19毫米)，大多數鳥類無法吞下整顆果實：鳥類有時會啄食果肉，但都會避開大顆的種子 (10-14 x 5-7毫米)，所以不會傳播種子[2]。在香港，靈貓科動物會進食果實，包括小靈貓 (*Viverricula indica*)[62,110,181]，然而亞洲其他地方的獼猴[182,183]和狐蝠[184]亦已知會傳播種子。

羅浮柿商業價值不大，但與柿 (*Diospyros kaki*) 關係密切。柿在中國和日本因其可食用果實 (Kaki，中國或日本的豆柿或柿子) 而得到栽培[185]，還有一些柿屬物種因其木材 (烏木) 而被栽培[186]。

圖36. 羅浮柿 (*Diospyros morrisiana*)。(A) 花枝。(B) 果枝，尚未完全成熟的果實，成熟後會變成黃色。(C) 縱向切開的單果。

A
B
C

中華杜英
Elaeocarpus chinensis (Gardner & Champ.)
Hook. f. & Benth.

——ဆ——

中華杜英 (又稱野杜英；*Elaeocarpus chinensis*；Chinese Elaeocarpus；杜英科)[187]是一種小型的原生樹種 (可達7米高)，常見於灌木叢和演替早期的次生林中[1]。杜英科源自南半球，大多數杜英科之下的屬 (包括分佈在香港的杜英屬〔*Elaeocarpus*〕和猴歡喜屬〔*Sloanea*〕) 主要分佈在新幾內亞[188]；然而，絕大多數的本地植物都跟北半球有強烈生物地理聯繫。

中華杜英的花為小型下垂的綠白色花簇，有形態相似的萼片和花瓣 (稍微拉長，約3毫米長)。花通常兩性，有八至十枚雄蕊，亦有一枚由兩塊心皮融合而成的雌蕊，但據稱中華杜英亦有雄花 (缺乏雌蕊)[187]。每朵花都有一塊腺盤，可產生花蜜回饋授粉者：本地研究發現東方蜜蜂 (*Apis cerana*) 是中華杜英花朵主要的訪花者。

果實是細小而呈橢圓形的「核果」，外層呈藍色，肉質，含豐富糖分，內層是堅韌的果壁，包裹著一顆種子，因此果實非常適合透過鳥類傳播[62]。果實 (約7毫米寬)，處於本地果食性鳥類喙部的開合範圍以內；果實的顏色亦處於鳥類的感知範圍；種子體積細小 (直徑約4.5毫米)，足以讓鳥類吞下，種子堅韌的內果壁會保護種子，鳥類的消化系統不能破壞種子。據知杜英屬其他物種的果實可由多種動物食用[68]，因此，中華杜英的果實據說可以透過靈貓科動物傳播，現象亦不足為奇[181]。

圖37. 中華杜英 (*Elaeocarpus chinensis*)。(A) 花枝：有一簇簇細小而下垂的花朵。(B) 單花。(C) 果枝：核果呈淡藍色。

A
B
C

黃桐
Endospermum chinense Benth.

—— ∽ ——

黃桐 (*Endospermum chinense*；Endospermum；大戟科)[77]是一大型 (可生長至約35米高) 先鋒樹種，可快速生長，喜日照充足的環境，在香港很常見[1]。葉大 (8-20 × 4-14厘米)，通常擠在幼枝的頂端，並生長在長葉柄之上 (4至9厘米長)[77]。葉底密披短毛。黃桐與大戟科許多物種一樣，(包括石栗〔*Aleurites moluccana*〕、血桐〔*Macaranga tanarius*〕、白楸〔*Mallotus paniculatus*〕、山烏桕〔*Sapium discolor*〕和木油桐〔*Vernicia montana*, 詳見〕)，葉柄在葉片的底部長有一對明顯的腺體。花外蜜腺可能會吸引螞蟻群，驅趕潛在的食草動物[189]。黃桐屬 (*Endospermum*) 的其他品種 (尤其是*Endospermum moluccanum*和*Endospermum myrmecophilum*) 和螞蟻演化出一種相當複雜的關係，螞蟻會清除中間的木髓組織，在樹枝上挖掘並製造蟻穴[189,190]。

黃桐為雌雄異株植物，一株樹只會長出雄花 (staminate) 或雌花 (pistillate)。「雌雄異株」可以防止自花授粉和自體受精，繼而促進種子的基因混合。花在分枝葉腋下的花序裡生長。黃桐是典型的大戟科植物，花高度收縮，有一個小杯狀的融合花萼，但沒有花瓣。雄花有五至十二枚雄蕊，長在一個延伸花托之上，而雌花則有一枚有兩至三室的雌蕊。

黃桐的果實是肉質「核果」(果實呈漿果狀，種子周圍有堅韌的內果壁)，上面有一枚宿存的柱頭。

圖38. 黃桐 (*Endospermum chinense*)。(A) 花枝，有分枝的花序。(B) 樹莖有落葉形成的傷痕。(C) 單葉 (底部)，成對的腺體在葉柄前端。(D) 肉質的核果和宿存的柱頭。

A
B
C
D

黃杞

Engelhardia roxburghiana Lindl. ex Wall.

(=*Engelhardia chrysolepis* Hance; *Engelhardia wallichiana* auct. non Lindl.)

———— ಬ ————

黃杞 (*Engelhardia roxburghiana*；Yellow basket willow or Roxburgh's Engelhardia；胡桃科)[191]是一高大喬木，可達30米，樹上的大型複葉 (12至25厘米長) 由三至五對小葉組成。花單性，生在延展的花序裡，同一棵樹會長出兩性的花 (即雌雄異花同株)：單花非常細小，有一塊宿存三裂苞片和一個四裂花被。雄花有五至十三枚雄蕊，雌花有一枚雌蕊，由兩塊心皮融合而成，並有一個「下位」子房。

花朵經由風媒授粉，隨後發育成球狀的小堅果 (直徑約4毫米)。小堅果生在巨大的三裂苞片上 (中心的裂片長3至5厘米)，有助花粉透過風力傳播[68]。

胡桃科許多堅果樹都有商業價值，例如核桃 (胡桃屬；*Juglans*) 以及山核桃 (hickory) 和美洲胡桃 (pecan nuts) (山胡桃屬；*Carya*)。胡桃科似乎有兩種不同的種子傳播機制—種子可透過風力和動物傳播。以基因排序重建的親緣關係學解釋了物種重要的演化過渡[33,192]：胡桃科的祖先雖為風媒植物，但演化過程中出現了最少四次發展出種子「帶翼」結構的事件，即來自三裂苞片、小苞片、萼片或此三種特徵的組合。而透過動物傳播種子的物種已證實至少源自三個來源 (包括胡桃屬和山胡桃屬的獨立起源)。這個例子翔實說明了基因分子親緣關係學的概念框架能結合植物結構方面的全新解釋和嶄新的生態學假說。

圖**39.** 黃杞 (*Engelhardia roxburghiana*)。(A) 花枝：花序延展。(B) 果序。(C) 小堅果生於三葉苞片上，有助種子經風力傳播。(D) 衰老的葉子。

A
B
C
D

吊鐘

Enkianthus quinqueflorus Lour.

吊鐘 (*Enkianthus quinqueflorus*；Enkianthus, Chinese New Year flower or Hanging bell flower；杜鵑花科)[193]原產於華南，在香港頗為常見。吊鐘屬於灌木或小型喬木 (一般高度不超過3米，但有時可達10米)，花明顯呈吊鐘形，生長在下垂的花簇裡。花冠由五塊帶有光澤的粉紅色花瓣融合而成，花瓣前端呈淡粉色，並向上反捲。每朵花有十枚雄蕊，有成對的芒狀附屬體 (appendages)[194]。花主要靠鳥類 (例如暗綠繡眼鳥〔*Zosterops japonica*〕) 授粉，但是蜜蜂也會訪花。

吊鐘的花期在冬季，時間通常是在前一年的葉子落下後，新一年的葉子長出之前[193]。花朵美麗，加上花期經常和中國農曆新年重疊，因此以往曾有不少樹木遭到採集作觀賞用途，並在花卉市場上出售。然而，自1913年起，吊鐘在香港受到法律保護，現在已經建立了幾個良好的本地種群。

吊鐘的果實發育時間非常長，花期在一月至三月，然後在九月至十二月結果[193,195]。果實是乾燥而開裂的蒴果，會沿著五塊心皮的中肋 (midribs) 裂開。雖然花朵呈下垂狀，但是結出的果實卻直立於樹上，這種特徵或有助種子經風力傳播。

圖40. 吊鐘 (*Enkianthus quinqueflorus*)。(A) 花枝：特有下垂的鐘形花簇。(B) 開放的花冠和雄蕊 (有成對的附屬體)。(C) 打開的果囊。(D) 果囊和葉芽。

A

B

C

D

枇杷
Eriobotrya japonica (Thunb.) Lindl.
(= *Mespilus japonica* Thunb.)

—— ❧ ——

枇杷 (*Eriobotrya japonica*；Loquat；薔薇科)[196]常見於香港本地的次生林[1]，物種原生於中國東南部，橙黃色的肉質果實 (直徑2至5厘米) 可供食用，因此自古以來得到栽培。果實帶甜酸味，既可以新鮮食用，亦可以製成果醬保存，種子有時會用於製作飲料，或加入蛋糕當作類似杏仁的調味料[197]。據說枇杷在十二世紀便傳入日本種植，但要到了十八世紀，歐洲探險家才把枇杷引進至地中海地區種植。現在枇杷在許多溫帶和亞熱帶地區都得到廣泛種植，尤其是北緯35度以內的地區[198]。中國和日本仍然是枇杷的主要種植地區，然而大部分作物都會留在國內消費，並不會出口到外地[197]。

枇杷花序有大量花朵，長度可達20厘米，中心軸和花梗上有濃密的毛。單花帶有香味，並經由蜜蜂授粉[199]，花萼由五塊萼片和五塊白色花瓣 (5-9×4-6毫米) 融合而成，另有二十枚雄蕊和一枚有五室的雌蕊[196]。枇杷與薔薇科許多成員一樣 (包括閩粵石楠〔*Photinia benthamiana*, 詳見〕)，花有一個「下位」子房，並由花托延伸出來的「花托筒」包圍起來加以保護。枇杷可供食用的果肉亦來自花托筒，果實 (又稱為「仁果」) 像個小型蘋果和梨。

枇杷果實據知可供蝙蝠和鳥類食用[68]，這些動物是有效的種子傳播者 (然而許多報告均來自原生地以外的地區)。根據推斷，枇杷的種子在香港會由果子狸傳播[62]。

圖41. 枇杷 (*Eriobotrya japonica*)。(A) 花枝：花序有白色小花，花莖上有密密麻麻的毛。(B) 葉子的底面。(C, D) 花。(E) 果枝有黃色的「仁果」。(F) 種子。

F
C
D
E
A
B

大果馬蹄荷

Exbucklandia tonkinensis (Lec.) H. T. Chang.

(= Bucklandia tonkinensis Lec.; *Symingtonia tonkinensis* (Lec.) Steenis)*

——෴——

大果馬蹄荷 (*Exbucklandia tonkinensis*；Exbucklandia；金縷梅科)[200] 廣泛分佈於中國南部和中南半島，但在香港卻非常罕見，僅見於大嶼山的大東山[98]，因此香港漁農自然護理署已經開始在本港繁殖和異地保育該物種。

大果馬蹄荷可以長至約30米高。樹幹巨大，可用作製造優質木材。葉子呈卵形或三裂狀，表面光滑且沒有毛。花非常細小，在葉腋下緊密聚集成七至九個花簇。由於沒有萼片和花瓣，單花只剩下生殖器官，有十至十五枚雄蕊和一枚由兩塊心皮融合而成的雌蕊。大果馬蹄荷與大多數開花植物不同，後者的雄蕊有四個不同的花粉室 (四孢子囊〔tetrasporangiate〕雄蕊)，但是馬蹄荷屬物種的雄蕊卻只有兩個花粉室 (雙孢子囊〔bisporangiate〕雄蕊)[201]。儘管對大果馬蹄荷的授粉生態所知甚少，但是由於該物種沒有花瓣，所以是風媒授粉植物：關於金縷梅科其他物種的研究顯示，多個物種退化花瓣都由昆蟲授粉轉為風媒授粉。

心皮受精後發育成細小的乾果囊 (10-15 × 8-10毫米)，頂部繼而裂開，釋放種子。金縷梅科的成員有兩種不同的種子傳播機制：有些物種 (包括與馬蹄荷屬關係密切的雙花木屬〔*Disanthus*〕和殼菜果屬〔*Mytilaria*〕物種) 有種子彈射機制，種子會從果實彈射至數米之外；其他物種 (例如大果馬蹄荷) 則發展出細小的有翼種子，可以透過風力傳播[203]。

圖42. 大果馬蹄荷 (*Exbucklandia tonkinensis*)。枝條開花結果，花朵和果囊緊密貼伏。

變葉榕

Ficus variolosa Lindl. ex Benth.

—— ❧ ——

變葉榕 (*Ficus variolosa*；Mountain fig or Varied-leaf fig；桑科)[109]所屬的榕屬多樣性極高，物種的特點在於花朵細小，高度收縮的花朵會聚集成一個稱為「隱花果」(syconium) 的複雜結構。隱花果看似果實，但實際上是個完全凹陷的空心花序，花序裡的小花長在封閉的囊的內表面。每個隱花果都有一個小孔〔ostiole〕，傳粉者可從中進入。

榕屬物種的授粉方式引人入勝，原因在於過程涉及一種複雜的「互利」共生關係。每種榕屬物種都和一種獨特的榕小蜂 (榕小蜂科〔Agaonidae〕) 產生相互依賴的緊密關係，一但失去對方便不能生存[92,204]。榕屬樹種的具體授粉機制在細節上都各有不同，但是總由雌性的榕小蜂為榕屬樹種傳遞花粉[35]。有些變葉榕在功能上是屬於雌性，只會長出帶有可孕子房的雌花；其他變葉榕則在功能上屬於雄性，樹上有雄花 (位於靠近小孔的地方) 和子房不帶功能的不孕花 (藏於花序室深處)[109]。雌蜂通過小孔進入隱花果。在雌性隱花果裡，雌蜂會嘗試在花的子房裡產卵，但因為心皮上的花柱太長所以都不會成功；但過程中，花粉可能從雌蜂身上轉移到柱頭，繼而成功授粉和結籽。然而，雄性隱花果的情況就有所不同，不孕花的花柱較短，所以榕小蜂能夠在無功能的子房裡成功產卵；子房發育成癭狀結構 (蟲癭花)，把尚在發育的黃蜂幼蟲包裹起來。無花果蜂隨後分兩批離開蟲癭花。第一批孵化出來的是沒有翅膀的雄蜂，生命週期短暫，一生都不會離開隱花果，使尚在蟲癭花裡的雌蜂受精，最後在死亡之前為雌蜂在隱花果壁上挖開出口。雌蜂交配後會從蟲癭花中出來，通過雄蜂挖出的隧道離開；在這個階段，隱花果的雄花已經成熟，並釋放出花粉粒，確保雌性榕小蜂能夠將花粉轉移到其他隱花果。

圖43. 變葉榕 (*Ficus variolosa*)。花枝上的隱花果狀似果實。

嶺南山竹子
Garcinia oblongifolia Champ. ex Benth.

—— ∽ ——

嶺南山竹子 (又稱黃牙果；*Garcinia oblongifolia*；Lingnan Garcinia；藤黃科
〔Guttiferae〕或山竹子科〔Clusiaceae[160]〕是一種非常常見的本地樹種，可
生長至約15米高[1]。嶺南山竹子和黃牛木 (*Cratoxylum cochinchinense*, 詳見)
均是同科植物，彼此的花朵結構都有相似之處，尤其是兩者都有融合的雄
蕊。嶺南山竹子花單性，雌雄異花同株。每朵花有四塊細小的圓形萼片 (直
徑為3至4毫米)，另有四塊黃白色而延展的花瓣 (長7至9毫米)[160]。雄花有許
多雄蕊，聚集成一個四邊形的肉質花束，不帶任何退化雌性器官；相反，
雌花有一枚融合的雌蕊和一束束「退化雄蕊」(不孕雄蕊)。

雖然嶺南山竹子和黃牛木都有結構相似的花，但兩者卻有著截然不同的
果實，嶺南山竹子的果實是肉質漿果，而黃牛木則會結出乾燥的蒴果。
嶺南山竹子的漿果 (2-4 × 2-3.5厘米) 在結構上和人工栽培的山竹 (*Garcinia
mangostana*) 相似，兩者亦是同屬物種。嶺南山竹子的漿果可供食用，但是
嶺南山竹子又名黃牙果，顧名思義，果實可能令牙齒變黃，所以食用時要
多加留意！

漿果有一層不可食用的堅硬表皮，必須先行去除，才可以吃到含豐富蔗糖
[63]的肉質果實。獼猴會吃嶺南山竹子的果實，牠們首先會用門牙去除部分的
果皮，然後用牙齒挖出果肉和種子[2,110]。由於種子太大，獼猴無法吞咽，因
此牠們都會把種子吐出來；不過獼猴會暫時把果實塊儲存在頰囊裡面，所
以會把種子帶到更遠的地方[205]。在香港，獼猴無疑是嶺南山竹子有效的種
子傳播者[62]，但是嶺南山竹子亦於獼猴居住地以外的地方廣泛分佈，所以肯
定還有其他的傳播媒介[110]。

圖44. 嶺南山竹子 (*Garcinia oblongifolia*)。(A)花枝。(B) 果枝。(C) 剖開的果實：果皮厚
而堅韌，食果動物食用肉質果肉之前必須去除果皮。

A
B
C

香港算盤子

Glochidion zeylanicum (Gaertn.) A. Juss.

(=*Glochidion hongkongense* Müll. Arg.; *Glochidion littorale* auct. non Blume)

———— ∽ ————

香港算盤子 (*Glochidion zeylanicum*；Hong Kong abacus plant or Sri Lankan Glochidion；葉下珠科)[77]是在東南亞廣泛分佈的樹種，常見於香港和華南的低地森林。香港算盤子有高度縮小的單性花，同一棵樹會同時長出兩種性別的花。每朵花有六塊萼片，但沒有花瓣；雄花有五至六枚雄蕊，融合呈柱狀，雌花的雌蕊並攏，同樣融合呈柱狀。

花在夜間具備性功能，由頭細蛾屬 (*Epicephala*；細蛾科〔Gracillariidae〕)的雌蛾在晚上授粉[206,207]。飛蛾與樹木之間的關係明顯有較強的特異性 (specificity)，每種算盤子屬的物種均由一種特定的飛蛾物種授粉；這種特異性已證實是由特有的花香導致的，香港算盤子釋放花香以吸引飛蛾[208]。這種授粉互助的例子相當罕見，相關描述與榕屬樹種 (如變葉榕〔*Ficus variolosa,* 詳見〕) 相似。雌性的細頭蛾把卵產在花的子房裡，過程會轉移以前在其他花上無意中收集到的花粉。產在子房裡的卵隨後孵化，幼蟲會吃掉尚在發育的種子；雖然這些子房犧牲了種子，但其他未被飛蛾用作產卵的子房卻能結出種子。因此，細頭蛾和算盤子之間明顯帶有互利共生的關係；尚在發育飛蛾幼蟲受益於穩定的食物來源；而樹木的授粉成功率亦得到保障，所以也能從中獲益。然而，這種互依共存的關係也有其代價，一旦樹木或飛蛾失去了對方，都無法成功繁殖。

果實呈紅色，深深的坑紋從頂端延至底部，成熟時沿著坑紋裂開，釋放出種子。香港算盤子在英文稱為「abacus plant」，相信源於算盤子蒴果的外形和算盤上的珠子相似。

圖45. 香港算盤子 (*Glochidion zeylanicum*)。(A) 花枝：花朵高度收縮。(B) 雄花。(C) 雌花。(D) 果枝上帶着紅色的果囊。(E) 果囊。

A
B
C
D
E

石梓
Gmelina chinensis Benth.

———◊———

石梓 (又名華石梓；*Gmelina chinensis*；Gmelina；唇形科)[132]屬於易危物種 (vulnerable to extinction)，在香港的分佈相對狹窄，只常見於大嶼山[98]。傳統上，石梓屬植物都被歸入馬鞭草科 (Verbenaceae)，採用這種分類方法的例子包括《中國植物志[209]》和《香港植物誌[132]》。然而，分子親緣關係學分析了植物的基因排序資料，顯示馬鞭草科並不能代表一個單一的演化譜系，因此必須為植物再作分類[210]；經重新分類後，石梓等幾個屬都必須轉至關係密切的唇形科 (Lamiaceae或Labiatae)。

石梓花有五塊花瓣，基部融合呈筒狀，花瓣裂片明顯；花冠外觀呈黃色，裡面則呈粉紫色。花兩邊對稱，有一塊三裂的下花瓣[211]。每朵花有四枚雄蕊，排列成兩對，長度略有不同。花柱頗長 (25至27毫米)，二裂柱頭長短不一，突出於雄蕊的花藥上方。石梓花相信會經蜜蜂授粉，這種授粉機制亦見於在該屬的其他物種[212]。蜜蜂會擦過花藥，探入花內收集花粉，再把花粉傳到另一朵花的柱頭上。

樹上多個器官都有花外蜜腺，當中包括葉子的基部、花萼和果實[49,211]。腺體相信可以吸引螞蟻，從而驅趕潛在的食草動物。

圖46. 石梓 (*Gmelina chinensis*)。(A)花枝：花簇內的花相當明顯。(B) 打開的花冠筒顯示出生殖器官。(C) 花萼由細小萼片融合而成。(D) 雄蕊。

A
B
C
D

銀葉樹

Heritiera littoralis Aiton

—— ✁ ——

銀葉樹 (*Heritiera littoralis*；Coastal Heritiera；錦葵科)[213] 是中型樹種，只見於紅樹林等沿海地區；雖然銀葉樹廣泛分佈於印度洋和太平洋的大片地區，但在香港卻很罕見，只在大埔滘、吉澳洲、荔枝窩和榕樹澳有過發現的記錄[1,213]。老樹的樹幹基部有發達的板根 (buttresses)，土壤會受定時漲退潮汐淹沒而變得不穩定，板根便可以為植物提供額外的支撐。

銀葉樹的花朵形成鬆散的花序，雖然不帶花瓣，但卻有一枚棕紅色杯狀花萼，由四至六塊萼片融合而成。銀葉樹只有單性別的花，而兩種性別的花都會在同一棵樹會生長，並由昆蟲授粉。

受精後形成的果實碩大 (約6×3.5厘米)，有一條突出的「龍骨瓣」(keel) 貫穿其中。果實壁呈木栓狀，種子周遭存有氣隙，保持果實在水中的浮力[68]，亦充份解釋了銀葉樹分佈廣泛的原因。英國植物學家和新加坡植物園前園長李德里 (Henry N. Ridley；1855-1956) 是植物生物地理學和植物傳播機制的先驅。他在《世界各地植物的傳播》 (*The Dispersal of Plants Throughout the World*；1930年) 這部開創性的著作裡[68]，為銀葉樹屬 (*Heritiera*) 植物種子傳播機制的演變提供出色的解說。*Tarrietia*屬 (物種現已歸入銀葉樹屬〔*Heritiera*[214]〕) 風媒物種有寬大的翅膀，果實從樹上掉下來時旋轉；銀葉樹屬物種則具有縮小的翅膀，會通過河流散播；而銀葉樹 (*Heritiera littoralis*) 的翅膀則更窄，但正如上文所述，物種具備其他適應性，因此可以經海水散播。

圖47. 銀葉樹 (*Heritiera littoralis*)。(A) 花枝。(B, C) 花序和單花：融合的紅色萼片。(D) 果枝：尚未成熟的果實。(E) 成熟的果實帶有突出的龍骨。(F) 老樹的樹幹基部有明顯的板根。

A
B
C
D
E
F

黃槿

Hibiscus tiliaceus L.

—— ❧ ——

黃槿 (*Hibiscus tiliaceus*；Cuban bast, Sea coast mallow or Sea Hibiscus；錦葵科)[215]耐鹽[216]，生長在海灘後面的沿海灌木叢裡，但有時也會在內陸出現。花朵巨大而豔麗，花瓣呈黃色，基部呈暗紅色，蜜蜂是主要的訪花動物。黃槿和錦葵科大部分成員一樣，雄蕊花絲融合成一條圓柱狀雄蕊柱，包圍著由心皮融合而成的並攏花柱。

花朵凋謝後發育成乾裂蒴果。蒴果有50至70顆小種子 (3×5毫米)，內有氣室，令蒴果帶有浮力[217,218]。實驗研究顯示，種子可以隨海水漂浮，而其生長發育的能力可維持超過三個月[155]。這種演化適應性是幫助黃槿在海上孤島等新的地理區域成功建立群落的關鍵。黃槿在熱帶和亞熱帶地區非常普遍，分佈於非洲　　(包括大西洋和印度洋海岸)、亞洲、澳大拉西亞 (Australasia) 和西太平洋沿海地區等海岸[217]。

曾有研究利用黃槿的基因序列資料分析其演進過程[217]，發現黃槿曾經歷過多次物種演化事件，並產生眾多的近緣種，例如*Hibiscus pernambucensis*廣泛分佈於北美洲、中美洲和南美洲的太平洋和大西洋沿岸地區，然而當地卻沒有黃槿生長。雖然黃槿和*Hibiscus pernambucensis*的種子都能隨海水漂流而進行廣泛而長距離的傳播，但大西洋和東太平洋的洋流或會大大阻礙種子傳播，基因交換亦因而受到影響。

圖48. 黃槿 (*Hibiscus tiliaceus*)。(A) 花枝：碩大而豔麗的黃色花朵，中心呈深紅色。(B) 融合的雄蕊柱圍繞著並攏的花柱，頂部可見五個柱頭。(C, D) 開裂的蒴果，內有種子。

天料木
Homalium cochinchinense (Lour.) Druce
(=*Homalium fagifolium* Benth.)

—— ❧ ——

天料木 (*Homalium cochinchinense*；Homalium；楊柳科)[219]是本地灌木叢和早期次生林的常見物種。雖然天料木可以生長到10米高，但生長形式通常呈灌木狀[1]。

花朵細小而呈白色，處於拉長的下垂花序裡面。每朵花有七至八塊較窄的萼片，花瓣則略為寬闊，數目和萼片相同。每片花瓣都有一枚基部融合的雄蕊，並與顯眼的橙黃色腺體交替排列。雌蕊通常有三個柱頭。天料木有兩個明顯的開花高峰期，分別是雨季的初期和晚期，但到了晚期，天料木結出的果實很少，甚至沒有結果[195]。花由蜜蜂　(尤其是東方蜜蜂〔*Apis cerana*〕) 授粉[61]，蜜蜂或會得到花腺分泌出來的花蜜中作為回報。

傳統上，天料木屬 (*Homalium*) 隸屬大風子科 (Flacourtiaceae)，《中國植物志[220]》和《香港植物誌》都採用這種分類方法[219]。然而，大風子科的物種異質度高，親緣關係學研究分析了大風子科物種的基因序列，發現該科有兩個不同的演化譜系[221]。連同天料木屬在內的譜系還包括了楊柳科的物種，這些物種的特點在於「柔荑花序」，花朵高度縮小，只帶單性別，一般靠風媒授粉，因此物種在演化過程裡可能出現了形態上的退化 (evolutionary reduction)，萼片和花瓣消失，但天料木屬和近緣的屬 (包括刺柊〔*Scolopia chinensis*, 詳見〕) 都保留了許多祖先的特徵，例如有明顯的萼片和花瓣。當代的分類方法一般主張每個分類組別當中只有一個演化譜系：因此如果分類組包含多於一種演化譜系，或者另一個組別的物種亦嵌入其中，那麼這個分類組便會遭到剔除。按照這項基礎，最新的分類把天料木屬和其近緣屬轉入楊柳科 (Salicaceae)[12,13]。

圖49. 天料木 (*Homalium cochinchinense*)。(A) 花枝：花序長而下垂，裡面有許多花。(B) 單花。(C) 剖開的花，內有橙黃色的腺體。(D) 有三個柱頭的雌蕊。(E) 雄蕊。(F) 果實有宿存花萼。(G) 秋季的葉子。

A
B
C
D
E
F
G

鐵冬青

Ilex rotunda Thunb.

—— ⁊ ——

鐵冬青 (*Ilex rotunda*；Chinese holly or Panaceae holly；冬青科)[222]是典型的冬青物種，單性花簇生，兩種性別的花朵分別生在不同的個體上—這種現象稱為「雌雄異體」，可以防止自花授精，促進後代的基因混合。每朵花有四至六塊花瓣，基部融合；雄花上雄蕊的數目和花瓣相同，並與花瓣管融合，還有一個發育不全而且不帶功能的子房。雌花亦出現類似的情況，但有一個具備功能的子房和不孕的雄蕊，並不帶花粉。在大部分冬青屬物種的種群裡，雄性所佔比例較高，但背後原因尚未清晰，然而由於採樣種群的規模不足，所以對鐵冬青仍然所知不多[223]。

鐵冬青與冬青屬其他物種一樣，花朵主要由蜜蜂授粉，花蜜能吸引蜜蜂。在香港的種群裡，東方蜜蜂 (*Apis cerana*) 是最常見的花客，每小時的訪花次數平均達十一至十二次[223]。

鐵冬青果實呈鮮紅色，帶有肉質。鳥類 (特別是白頭鵯〔*Pycnonotus sinensis*〕和暗綠繡眼鳥〔*Zosterops japonica*〕) 會食用鐵冬青的果實，所以都是有效的種子傳播者[223]。鐵冬青在香港的主要結果期為九月至翌年一月，但有些果實卻會在樹上停留多個月，有時甚至直到翌年四月[223]。果實宿存 (persistence) 的原因可能是果實含糖量低 (約佔乾果肉重量的24%，而冬青屬以外物種的肉質果實含糖量約為53%)，對食果動物而言「吸引力」較低[223]，而且果實還有防禦微生物感染的化學機制[169]。冬青屬的果實成熟時，種子帶有尚未成熟的胚胎[224]，所以能夠在土壤種子庫中休眠數年之久[225]。

圖50. 鐵冬青 (*Ilex rotunda*)。(A) 花枝：花序有細小白花。(B) 雄花和雌花。(C) 果實。

A
B
C

大嶼八角

Illicium angustisepalum A. C. Sm.

(= *Illicium spathulatum* auct. non Y. C. Wu)

—— ⟡ ——

大嶼八角 (*Illicium angustisepalum*；Lantau star-anise；五味子科〔Illiciaceae or Schisandraceae〕)[226]非常罕見，只在大嶼山的鳳凰山 (即1905年首次採集的地方) 和大東山有發現紀錄。大嶼八角通常都被視為香港特有種[98,226]，但如果採用較闊的物種分類方式，並考慮中國安徽和福建的種群，那麼大嶼八角便不能稱為香港的特有種[227]。但由於大嶼八角於本地非常罕有，所以已經受到香港法律保護[98]。

大嶼八角屬於其中一種現存最早期的有花植物演化譜系，植物學家認為大嶼八角保留了許多先祖特徵[33]。花具備兩種性別，有許多螺旋狀排列的器官。花被由二十二至二十四塊低度分化 (weakly differentiated) 的花被片 (tepals) 組成，最外層的花被片形似萼片，而最內層的花被片則呈花瓣狀，形態由內而外逐漸過渡轉變。雄蕊扁平 (通常形容為「舌狀」)，花粉結構生在內表面。花有十一至十三塊不融合的心皮，排列形狀看似輪型 (實際上呈螺旋形[228])。這種特徵和衍生程度較高的演化系統形成對比，後者一般都會有融合的心皮：心皮融合是種有利的特徵，因為花粉管能把精子帶到每個花胚珠授精，而並非限於在每塊未融合心皮胚珠授精。

受精後，心皮發育成一圈分離的乾果，乾果的上表面裂開，露出一顆有光澤的種子。有人認為，這種稱為「蓇葖果」的果實可能是有花植物的原始狀態：古果屬 (*Archaefructus*) 已經發現有蓇葖果[229,230]，古果屬是其中一種最早期的有花植物化石 (可追溯到白堊紀初期)。然而亦有研究人員質疑古果屬的親緣關係位置和果實結構方面的解釋[231,232]，暗示八角屬及其親緣植物的蓇葖果可能是後來演化而成。

圖51. 大嶼八角 (*Illicium angustisepalum*)。(A) 花枝：外觀顯著的白色花瓣。(B) 樹皮。(C) 胚珠受精後不久，果實尚未成熟。(D) 成熟的星形果實由獨立的蓇葖果組成。(E) 種子。

A
B
C
D
E

老鼠刺

Itea chinensis Hook. & Arn.

—— ❧ ——

老鼠刺 (又稱鼠刺；*Itea chinensis*；Itea；鼠刺科)[233]在香港的灌木叢和年輕的次生林中非常常見[1]。老鼠刺是一種演替早期的物種，所以很少見於較老的封閉樹冠林[103]。老鼠刺可生長至約15米高，有頂生或腋生花序 (長度可達8厘米)，花序由許多小花組成。花有五塊萼片，融合成杯狀，圍繞著五塊分散的白色花瓣。花兩性，五枚雄蕊與花瓣交替排列，花還有一個兩室的雌蕊。受精後，雌蕊發育成乾燥的蒴果，果實分成兩段，每段帶有一枚宿存花柱和一個圓形柱頭。蒴果成熟時分裂，種子便會離開果實[103]，隨風飄散。

鼠刺屬 (*Itea*) 在科別分類方面一直非常複雜，科學家就著新的資料提出多個不同的分類關係。喬治•邊沁 (George Bentham) 在其著作《香港植物誌》(*Flora Hongkongensis*) 正確地把老鼠刺和虎耳草科 (Saxifragaceae) 聯繫起來[8]，然而他也把遠緣的常山屬 (*Dichroa*)(現在歸入繡球花科〔Hydrangeaceae[234]〕)和茅膏菜屬 (*Drosera*) (sundews，現在歸入茅膏菜科〔Droseraceae[235]〕) 列入同一科。其他分類學家根據比較形態學將鼠刺屬歸入茶藨子科 (Grossulariaceae) (如目前的《香港植物誌》〔*Flora of Hong Kong*[233]〕) 和繡球花科[74]。然而，基因測序技術在20世紀90年代出現，發現幾個形態上截然不同的科 (統稱為虎耳草目〔Saxifragales〕) 均出乎意料地存在聯繫，然而彼此的關係以前並未提出[33]。分子親緣關係學的重組已經證實鼠刺屬和茶藨子科及虎耳草科 (都是虎耳草目的關鍵) 之間的關係，但鼠刺屬現已列入鼠刺科這個獨立的演化譜系[236,237]。分子資料分析提出了新的分類關係假說，大大鼓勵人們重新檢視這些植物在形態上的多樣化模式。

圖52. 老鼠刺 (*Itea chinensis*)。(A) 花枝：花序由許多小花組成。(B) 花。(C) 果枝。(D) 單個開裂的蒴果。

A
B
C
D

秋茄樹

Kandelia obovata Sheue, H. Y. Liu & J. W. H. Yong

(= *Kandelia candel* auct. non (L.) Druce; *Kandelia rheedii* auct. non Wight & Arn.)

—— ❧ ——

秋茄樹 (又稱水筆仔；*Kandelia obovata*；Kandelia；紅樹科)[129] 是香港潮間帶和河口紅樹林中最常見的樹種。紅樹林有重大的生態價值，不但為眾多的物種提供育苗棲息地，養育了具商業價值的魚類和甲殼類動物，還能夠清除農業污染物和營養物質，改善沿海水質，並防止海岸侵蝕。

紅樹林棲息地對植物的生存構成艱鉅挑戰，主要原因是潮汐會導致水分和溫度出現重大波動；高鹽分會導致水分流失和生理性乾枯，而且厭氧土壤會造成缺氧。秋茄樹帶有幾種適應這些惡劣生存條件的特性，包括葉片披着厚厚的蠟質角質層，從以減少水分流失，亦具備耐鹽的生理機制[238]，而且氣生根亦容許植物進行氣體交換[239]。

秋茄樹等紅樹林物種有稱為「胎生」(vivipary) 的獨特現象，換言之，種子仍然依附著在母體植物之上時便會提早發芽[130]。尚在發育的胚胎會穿透果實壁，形成細長的「下胚軸」(即嫩枝的下部分，在植物最初生長出來的子葉下面)，所以外觀看來像個細長的果實，但實際上是仍然附著在母株上的幼苗。不難想像有些幼苗會垂直墜落地面，並且嵌進母體植物附近的泥土，但是似乎大多數幼苗降落後都會平躺在地面上，並會隨水流到更遠的地方[240]。一旦躺平在地面的幼苗在泥土紮根，下胚軸基部緊靠根部之處便會出現局部的生長，繼而重新垂直起來，因此秋茄樹的幼苗往往帶有獨特的丁字形鉤[131]。

圖53. 秋茄樹 (*Kandelia obovata*)。(A) 花枝：白色的花組成腋生花序。(B) 花。(C) 幼苗帶有延長的下胚軸，仍然連接在母株之上，外觀看似果實。

A
B
C

銀合歡

Leucaena leucocephala (Lam.) de Wit

(= *Leucaena glauca* (Willd.) Benth.)

————— ❧ —————

銀合歡 (*Leucaena leucocephala*；White popinac；豆科)[45]原產於美洲熱帶區，但是很早就引入香港種植，相關記錄至少可追溯到1860年[241]。銀合歡後來在20世紀20年代成為政府重新造林計劃的種植物種，目前已經在許多受到干擾的生境裡歸化[25,242]。全球各地有許多不同的變種 (variety)，有些更是高大的樹木，可長至15米高，然而香港種植的銀合歡體型較小 (很少高於6米)，而且外觀稍遜，樹冠稀疏[80]。

葉子是「雙羽狀」(bipinnate) 小葉 (「羽葉」〔pinnae〕)，結構複雜，葉子可再細分為高階的小葉。花非常細小，花萼由五塊融合的萼片組成，花冠則由五塊小花瓣組成；花朵均為兩性，有十枚雄蕊和一枚雌蕊，兩者延伸至花瓣前端。花朵聚集形成球形花序，直徑最多為3厘米。

銀合歡有著豆科植物的典型果實：豆莢修長 (10至18厘米長)，成熟時會變得乾燥和帶革質，並沿著邊緣裂開，從而釋放出種子 (每莢有六至二十五顆)[45]。雖然種子明顯對馬和豬等許多動物有毒[79]，但據稱至少有一部分的銀合歡是由牛和羊散播，牛和羊據說會食用銀合歡的葉子和豆莢[68]，因此估計種子可以經牠們的糞便傳播。

20世紀80年代末，香港首次發現銀合歡特有的一種木虱 (木虱科的植物跳蝨)[51]。這種木虱在冬季會導致銀合歡落葉，但也具備生態價值，是各種繡眼鳥 (white-eyes)、鵯 (bulbuls) 和鶯 (warblers) 的食物，特別是在銀合歡樹上過冬的黃眉柳鶯 (*Phylloscopus inornatus*)[51]。

圖54. 銀合歡 (*Leucaena leucocephala*)。(A) 花枝：有大型複葉，高度縮小的花組成球形花序。(B) 單花。(C) 成熟而乾燥的豆莢裂開後會釋放種子。

A
B
C

楓香
Liquidambar formosana Hance

—— ❧ ——

楓香 (*Liquidambar formosana*；Sweet gum, Chinese Liquidambar or Formosan gum；楓香科)[200]是一種本地的落葉樹種，特有三裂掌狀葉。花朵退化，失去萼片和花瓣，透過風媒授粉。花單性，聚集成獨立花序：雄性花序較小，朝枝條末端生長，而球形雌性花序較大，向基部發展。兩種性別的花分離是一種演化出來的適應特徵，可減少自花授粉的機會，從而提升種子的遺傳多樣性。

楓香屬 (*Liquidambar*) 以往被歸入金縷梅科 (Hamamelidaceae)，但是親緣關係學的重構比較了物種基因序列資料，目前獨立成楓香科 (Altingiaceae)。

楓香屬是地理分佈不相連的其中一個植物屬，分別見於東亞和北美東部。按照化石的研究和基因序列的比較分析，可以推算出導致分離的演化分歧在何時發生。在大多數情況下，分歧發生在中新世　(Miocene；即2,300萬至530萬年前)[243]，顯示全球氣候轉變對植物分佈的影響：全球氣溫在漸新世 (Oligocene) 結束後開始上升，並在「中新世晚期熱力高峰」(late Middle Miocene thermal maximum) 之際 (1,700萬至1,500萬年前) 達到頂峰[244]，導致潮濕、溫暖的溫帶生態系統向北擴展，並在東亞和北美東部之間開出兩條主要的遷移路線，分別是白令海峽的遷移路線　(隨後在北美西部發生滅絕)和北大西洋陸橋的遷移路線[243]。根據楓香屬的分子系統學研究，該屬植物源自亞洲，並通過上述兩條遷移路線向北美擴散[6]。

圖55. 楓香 (*Liquidambar formosana*)。(A)花枝：獨特的三裂掌狀葉和球形雌花序。(B)果序。

A
B

柯

Lithocarpus glaber (Thunb.) Nakai

(=*Quercus thalassica* Hance)

柯 (*Lithocarpus glaber*；Tanoak；殼斗科)[142]是香港常見植物，生長在偏遠溝壑的殘存林地，間中也會當作種植林物種種植[1]。柯和嶺南青岡 (*Cyclobalanopsis championii*, 詳見) 關係密切，然而兩者可以靠雄性花序區分，柯的雄花序直立，而嶺南青岡的雄花序下垂。

在香港，麗蠅為訪花常客，食蚜蠅則較罕見[61]。根據化石的記錄，昆蟲授粉可能是殼斗科的原始機制[245,246]，而另外三個譜系則獨立衍生出風媒授粉 (例如*Cyclobalanopsis championii*, 詳見)[33]。

柯能結出橡實 (acorn)，單生堅果質地堅韌，嵌在稱為「殼斗」的杯狀結構內。根據推斷，殼斗是由融合的花序枝演變而成[143]。柯和許多殼斗科植物一樣，橡實由松鼠等齧齒動物以「分散囤積」的方式散佈，牠們把堅果藏在不同地方，留待之後進食。如果堅果被遺忘或丢失，或者貯藏堅果的齧齒動物已經死去，堅果便有機會成功發芽。正如本書其他地方所指，香港的動物群中已經沒有齧齒動物進行分散囤積[139]，因此，依靠這套機制散播種子的樹種只見於殘存林地中，不會出現在次生林裡。曾有詳細的生態學研究分析港柯 (*Lithocarpus harlandii*) 這近緣種的種子捕食和傳播方式，結果亦證實了這個現象：在四川，如果有齧齒動物貯藏這些種群的種子，種子的傳播距離便可以達到數以十米[247,248]，至於在香港，同一物種的種子只會積聚在每棵樹的基部[110]。

圖56. 柯 (*Lithocarpus glaber*)。(A) 花枝：雄花序直立。(B, C) 橡子：堅果嵌在基部殼斗內。

A
B
C

木薑子
Litsea cubeba (Lour.) Pers.
(= *Litsea citrata* auct. non Blume; *Tetranthera polyantha* Wall.)

木薑子 (又稱山蒼樹；*Litsea cubeba*；Fragrant Litsea or Mountain-pepper；樟科)[158]是香港很常見的植物，尤其是在處於演替早期階段的次生林[1]。花有六個「花被」(形態上沒有區別的萼片和花瓣)，平均分成兩輪排列，和完全沒有花被的潺槁樹 (*Litsea glutinosa*, 詳見) 形成鮮明對比。花單性，不同性別的花會在不同的樹上生長，這種現象稱為「雌雄異體」，排除自體受精的機會，促進種子的遺傳多樣性。木薑子和樟科其他物種 (如樟〔*Cinnamomum camphora*〕和絨毛潤楠〔*Machilus velutina*, 詳見〕) 都同樣帶有樟科物種的典型特徵，雄花有九枚可孕雄蕊，分成三輪，最內一輪有成對的蜜腺，雌花則有一塊單獨的心皮和九枚不孕的「退化雄蕊」。木薑子主要吸引東方蜜蜂 (*Apis cerana*) 訪花，而麗蠅和食蚜蠅也是訪花常客[61]。

木薑子有先花後葉的特徵，通常在十二月下旬至二月在新葉長出之前開花，但是近年花和葉在生長時間方面的區隔似乎不太明顯，全球氣候變化可能是背後的原因：舉例來說，附圖展示的木薑子樹就在長出新葉之後才開花。木薑子的花期往往和中國農曆新年重疊，加上花朵氣味芳香，所以曾經遭到濫伐。木薑子是香港首批根據1913年的《許可證條例》 (Licensing Ordinance) 得到法律保護的物種之一，但是目前已不受現行的《林區及郊區條例》保護[2]。

木薑子果實細小，呈黑色，是單種子的「核果」(一種肉質果實，種子周圍有堅韌的內果壁)。鳥類會食用果實[62]，所以是有效的種子傳播者；核果內壁堅韌，能在種子通過鳥類消化道時起到保護作用。

圖57. 木薑子 (*Litsea cubeba*)。(A, B) 花枝和花序：白色花朵有黃色雄蕊。(C) 簇生的肉質核果。

A
B
C

潺槁樹
Litsea glutinosa (Lour.) C. B. Rob.
(=*Litsea sebifera* Pers.; *Tetranthera citrifolia* Juss.)

——☙——

潺槁樹 (*Litsea glutinosa*；Pond spice；樟科)[158]是中型常綠喬木 (約15米)，廣泛分佈並常見於東南亞地區。1790年，若昂•德理路 (João de Loureiro) 在《交趾支那植物志》 (*Flora Cochinchinenis*)[249]中首度為潺槁樹命名，並稱之為 *Sebifera glutinosa*。德理路在文章裡解釋為何潺槁樹的命名 (即*glutinosa*) 和膠質 (gelatinous) 相近，他稱只要把潺槁樹葉子和樹枝浸泡在水中，提取粘液，並和其他成分加以混合，便能形成一種耐久的石膏[249]。其他作者亦強調潺槁樹的傳統用途，潺槁樹的木頭和樹皮可加以浸泡，製作膠水和潤髮膏之類的用品[80,157]。

木薑子屬植物物種繁多，但由於在分類上意見紛紜，物種多樣性的估算存在頗大差異[250]。花單性，生在不同個體，形成「雌雄異體」現象，避免自花授粉，從而確保不會進行自花受精，促進種子的基因混合。就大部分木薑子屬的物種而言，花有一組由六部分組成的花被，花被分成兩輪，每輪有三枚花被，但是潺槁樹的花被高度縮小，甚至完全不帶花被。收縮的花聚集成細小的花簇，由狀似花被的苞片包圍，因此花序外觀看似一朵單花。雄花包含至少十五枚雄蕊，以及一枚發育不全的雌蕊 (rudimentary pistil)，雌花則有一枚雌蕊和許多退化雄蕊 (不孕雄蕊)。

潺槁樹的花主要由東方蜜蜂 (*Apis cerana*) 訪問，但黃蜂、麗蠅、弄蝶和灰蝶有時也會訪花。蜜蜂是最常見的花客，但是可能並非有效的傳粉者，因為大部分蜜蜂都會到雄樹採集花粉，所以很少會把花粉傳給雌樹[61]。果實具肉質，直徑約7毫米，鳥類會食用果實，所以是有效的種子傳播者[62]。

圖58. 潺槁樹 (*Litsea glutinosa*)。(A)花枝：苞片呈花被狀，包圍著一簇簇高度收縮的花。(B) 兩簇花序。(C) 高度收縮的雄花。(D) 一簇肉質的果實。

蒲葵
Livistona chinensis (Jacq.) R. Br. ex Mart.

蒲葵 (*Livistona chinensis*；Chinese fan palm or Fountain palm；棕櫚科或檳榔科)[251]原產於華南熱帶地區，但香港所見的蒲葵都是栽種個體。蒲葵是單子葉植物，其祖先已經失去長出木材的能力。棕櫚科　(即Arecaceae或Palmae) 二次演化出樹狀體的特性，但是增厚莖部的機制和雙子葉植物明顯不同[33]。因此，棕櫚樹木材的結構非常獨特，和其他真正木材不同，棕櫚樹木材的橫切面不帶同心圓環。

蒲葵可長至20米高，樹幹上有老葉的疤痕，葉落後葉柄在樹幹上殘存的時間頗長。葉子非常大　(直徑1至1.8米)，呈扇形，分裂成20至30厘米長的頂葉，每片葉子都呈折疊狀。葉柄側邊有下彎的刺 (圖60 (B))。

蒲葵的花很細小　(直徑2至2.5毫米)，聚集形成長長的花序，長度為1至1.5米。花萼和花冠三裂，花兩性，有六枚雄蕊和三塊心皮。每朵花只有一塊心皮受精，因此花序會發育成一串長長單果實。單果 (圖60 (A)) 呈藍黑色，橢圓形　(約1.8×1.2厘米)。香港有幾種鳥類會食用蒲葵果實，估計牠們就是傳播媒介[51]。雖然未有觀察到香港的果蝠會吃蒲葵果實，但馬來西亞半島已經有相關發現[252]。

蒲葵是短吻果蝠 (*Cynopterus sphinx*) 的重要棲息地。果蝠會咀嚼葉脈，改造棕櫚樹葉以「製造帳篷」，從而建設棲息地點[51,253]。

圖59. 蒲葵 (*Livistona chinensis*) (果實見圖60)。開花的個體：有長長的花序。

圖60. 蒲葵 (*Livistona chinensis*) (花枝見圖59)。(A) 果實。(B) 老葉。

A
B

紅膠木

Lophostemon confertus (R. Br.) Peter G. Wilson & J. T. Waterh.

(=*Tristania confertus* R. Br.)

紅膠木 (*Lophostemon confertus*；Brisbane box or Brush box；桃金娘科)[254]原產於澳洲東部亞熱帶地區，該物種在當地生長迅速，不但耐乾旱，也能適應較貧瘠的土壤[80]。由於紅膠木具備這些特點，所以自十九世紀末起，此種已在香港透過再造樹林計劃在山坡得到廣泛栽種[25]。紅膠木不僅在香港生長良好，而且開花和結籽數量豐富，本地生產的種子加以播種，於是在香港成為最常種植的樹木之一，普及程度僅次於馬尾松 (*Pinus massoniana,* 詳見)[25]。紅膠木木材非常珍貴，不僅有精緻而優美的紋理，還能抵抗白蟻等多種害蟲[80]。栽培紅膠木能帶來經濟效益，無疑是香港把物種納入重新造林項目的因素之一，然而林業經營成本上升，加上價格便宜的進口木材面世，因此紅膠木的種植有所減少[25]。儘管如此，紅膠木仍然在香港得到廣泛種植，情況一直延續至20世紀90年代末[25]；後來種植單一引進樹種的做法在生態價值上開始備受質疑，於是香港便轉為同時種植本地和外來物種[255,256]。曾有研究比較原生植物在外來樹木植林的拓殖程度 (level of colonization)，發現種植紅膠木為主的地方再生能力普遍較差，但這亦可能歸因於場地條件，因為樹種是按照場地特點而選擇種植[53]。

花是兩性，三至七朵簇生，五塊萼片宿存，與花托融合起來，形成的杯狀花托筒 (hypanthium) 亦是桃金娘科植物 (如蒲桃〔*Syzygium jambos,* 詳見〕) 的典型特徵。花還有五塊未融合的白色花瓣，每塊長約6毫米。每朵花都有許多雄蕊，融合成五束，緊貼在花瓣裡面，於是花的外觀呈「羽毛狀」。雌蕊由三塊融合的心皮組成，結合成一枚乾燥的木質蒴果 (capsule) (直徑8至10毫米)；果實沿著三個頂端閥門打開，釋放種子。種子細小 (約2至3毫米長)，隨風飄散。

圖61. 紅膠木 (*Lophostemon confertus*)。(A) 花枝有一簇簇白色花朵。(B) 單花有五枚白色花瓣，裡面緊貼著一簇融合的雄蕊。(C) 融合的雄蕊群。(D) 蒴果頂端有閥門，打開便能釋放種子。

血桐

Macaranga tanarius (L.) Müll. Arg.

———— ∽ ————

血桐 (*Macaranga tanarius*；Elephant's ear；大戟科)[77]廣泛分佈於東南亞，而且非常常見。血桐是耐鹽的先鋒樹種，因此能夠在海岸線附近生長。英語一般會把血桐稱作「Elephant's ear (象耳朵)」，名稱源自血桐大片的盾狀葉，葉柄附在葉片底面，離葉片基部有一段距離。這種植物在中文稱為血桐，原因是樹枝折斷後會明顯流出鮮紅色的汁液。

許多血桐屬物種都和螞蟻建立親密的互利共生關係，部分血桐屬物種甚至演化出空心樹枝，以供螞蟻居住其中[257]。雖然血桐缺乏這種高度專化的共生關係，但有發達的花外蜜腺[49]，能吸引螞蟻，阻止潛在草食動物前來[257,258]。

血桐是雌雄異體植物：花單性，生長在不同的個體上，從而確保交叉受精，增加後代的遺傳變異程度。花高度收縮，不帶花瓣，只有一枚細小的花萼 (1至2毫米長)，雄花有四至十枚雄蕊，雌花則有一枚雌蕊，由三塊心皮融合而成[77]。雄花在綠色苞片後面生長，形成大型多花花序，而雌花花序生長在葉腋之下，花朵較少。

曾有生態學研究分析與血桐近緣的同屬物種，發現薊馬 (纓翅目〔Thysanoptera〕) 是該物種的傳粉者，花朵為昆蟲提供繁殖場所[259]。然而，血桐似乎會由花蝽 (flower bugs) 這種半翅目 (hemipteran) 昆蟲進行巢內授粉[260]，而花蝽正是薊馬的天敵；因此，有人推測血桐屬或者發生過授粉系統的演化轉變，授粉者由薊馬演變為其天敵花蝽[260]。

果實是圓形的三裂蒴果，有柔軟的穗子；蒴果成熟時裂開，露出黑色種子，種子外皮帶有內質，食用種子的鳥類是傳播血桐種子的主要動物[62]。

圖62. 血桐 (*Macaranga tanarius*)。(A) 果枝：顯示血桐特有的盾形葉。(B) 雄性花序，花朵高度收縮，由綠色苞片包圍。

A
B

浙江潤楠

Machilus chekiangensis S. K. Lee

(=*Machilus longipedunculata* S. K. Lee & F. N. Wei;
Persea longipedunculata (S. K. Lee & F. N. Wei) Kosterm.)

———— ∾ ————

浙江潤楠 (*Machilus chekiangensis*；Chekiang Machilus or Zhejiang Machilus；
樟科)[158]所屬的潤楠屬物種繁多　(約100種)，香港亦有不少該屬物種。樟科
以下的屬在分類學上一直存有爭議，有分類學家傾向將潤楠屬　(*Machilus*)
歸入鱷梨屬 (*Persea*)[261]，後者的代表包括人工栽培的鱷梨 (即牛油果；*Persea
americana*) 等新熱帶物種 (Neotropical species)。最近有研究對其基因序列資
料進行分析，所得的證據足以支持潤楠屬物種獨立成屬[262,263]，而本書和《
香港植物誌》亦同樣採用這套分類方式[158]。

浙江潤楠是香港最常見的潤楠屬物種，是本地樹冠層的優勢種。浙江潤楠
經常和外觀相似但更為罕見的紅楠 (*Machilus thunbergii*) 混淆，然而花被可
以用作區分兩者，浙江潤楠的花被明顯帶有更多的毛。

浙江潤楠的花細小，呈淡黃色，簇擁形成花序。花從當年生的枝條基部長
出。花兩性，有九枚雄蕊，平均分成三輪排列，亦有一塊心皮。浙江潤楠
的花主要由東方蜜蜂 (*Apis cerana*) 訪問，此外麗蠅、食蚜蠅和粉蝶也會訪
花[61]，花腺會分泌花蜜，回饋訪花昆蟲。

花朵會發育成小型球形果實　(直徑約7毫米)，帶肉質，成熟時會變成藍黑
色。果實果糖特別豐富[63]，因此非常吸引鳥類[62]，鳥類會負責傳播種子。果
梗成熟時呈鮮豔紅色：這種適應性可能具有選擇性優勢，因為果梗和果實
的顏色呈強烈對比，所以對鳥類而言，成熟的果實在視覺上可能變得更為
顯眼[264]。

圖63. 浙江潤楠 (*Machilus chekiangensis*)。(A) 花枝。(B) 花：花被由六部分組成。(C) 果
枝：果實和果柄的顏色呈強烈對比。

A
B
C

絨毛潤楠

Machilus velutina Champ. ex Benth.

(= *Persea velutina* (Champ. ex Benth.) Kosterm.)

絨毛潤楠 (*Machilus velutina*；Woolly Machilus；樟科)[158]常見於香港的低地次生林。絨毛潤楠很容易和本地許多潤楠屬物種 (例如浙江潤楠〔*Machilus chekiangensis*, 詳見〕) 區分開來，因為絨毛潤楠的葉底披有一層密集的鏽色毛 (圖64 (B))。

樟科植物是有花植物存活最久的其中一個分支，擁有許多原始特徵，例如低度分化的花被。由於萼片和花瓣的形態基本上沒有分別，所以兩者統稱為「花被」。

絨毛潤楠的花雙性，共有九枚雄蕊，每三枚形成一輪 (最裡面的雄蕊有小型的柄狀腺體)，另有一輪由雄蕊退化而成的不孕雄蕊。雖然退化雄蕊不能產生花粉，但是帶有腺體，可以分泌花蜜[265]。鮮有花朵擁有兩個不同的蜜源：最裡面具有功能的雄蕊有一個柄狀腺體，而不孕的退化雄蕊亦有一個腺體，因為樟科植物的雙性花會經歷兩個不同的性別階段，雄蕊釋放花粉之前，心皮就已經開始接受花粉 (現象可稱為「雌蕊先熟」，防止雙性花自花授粉)。雄蕊上的腺體在雌性階段會先分泌花蜜，而到了雄性階段，最內部一枚雄蕊的柄狀腺體才會分泌花蜜[265]。兩個腺體結構明顯只能運作一次，因為覆蓋腺體的表皮會在分泌花蜜的過程中破裂[265]。

訪花動物主要是東方蜜蜂 (*Apis cerana*)，而黃蜂、麗蠅和食蚜蠅也會訪花[61]，牠們都會得到花蜜作為獎勵。鳥類會食用細小的肉質果實[62]，所以牠們是有效的種子傳播者。

圖64. 絨毛潤楠 (*Machilus velutina*)。(A)花枝：一個由白色小花組成的花序。(B) 葉底有鏽色的毛。(C) 果實。

A
B
C

香港木蘭

Magnolia championii Benth.

(= *Lirianthe championii* (Benth.) N. H. Xia & C. Y. Wu;
Magnolia pumila auct. non Andr.)

———— ∽ ————

香港木蘭 (*Magnolia championii*；Hong Kong Magnolia；木蘭科)[266] 是一種小樹 （可生長至4米高），常見於香港的高地森林[1]。花期五至六月，花朵雖小，但氣味非常芳香，直徑為1.5至2厘米。萼片和花瓣區別不大，因此兩者一般會統稱為「花被片」(tepals)：最外層的三塊花被片呈淺綠色 (3.5 – 4 ×~2厘米)，而內花被則呈白色 (2-2.5 ×~1.5厘米)[266]。

木蘭科植物長久以來都被視為典型的「原始」開花植物[267,268]，物種的特徵是花有一條細長的圓錐形中心軸，亦有許多不融合的螺旋狀器官。萼片和花瓣的形態幾乎沒有差異。然而，分子親緣關係學透過比較基因序列重建了演化樹，所得的結果挑戰了一貫以來的看法。無油樟屬 （無油樟科；Amborellaceae) 是個單型屬，現今被視為開花植物存活最久的一個子遺譜系，而木蘭科則在早期分化的被子植物中佔有更多的衍生地位。儘管無油樟有許多木蘭科花朵的特徵 （例如有數目不定的螺旋狀器官），但是目前推斷木蘭科上的這些特徵都是獨自衍生而來的[33]。

花有分離的心皮，隨後會發育成分離 (但仍互相緊貼) 的果實，稱為「蓇葖果」。這種果實類型亦見於大嶼八角*Illicium angustipetalum* (詳見)：正如大嶼八角一樣，現在有人懷疑蓇葖果能否足以代表一種古老的果實型態，有些研究人員認為此型態可能是從木蘭科衍生出來[231,232]。蓇葖果成熟時會沿著背側的邊緣裂開，露出單獨的緋紅色種子。種子懸掛在一條纖細的梗上，這條梗發展自加厚的螺旋狀木質管，為早前尚在發育的種子提供水分[66]。

圖65. 香港木蘭 (*Magnolia championii*)。(A, B) 花枝。(C) 果實：由許多蓇葖果組成，紅色種子最初會懸吊在線狀柄上，並會在果實打開後露出。(D) 附有柄的種子。

A
B
C
D

白楸

Mallotus paniculatus (Lam.) Müll. Arg.

(= *Mallotus cochinchinensis* Lour.; *Rottlera paniculata* (Lam.) A. Juss.)

白楸 (*Mallotus paniculatus*；Turn-in-the-wind；大戟科)[77]和血桐 (*Macaranga tanarius*, 詳見) 在分類學上屬於同一科，兩者均有幾項重要特徵。葉子的形狀多變，從卵形到明顯的三裂不等，葉柄附在葉底上，與葉片基部稍有距離。葉底密佈白色短毛，看起來明顯較葉面蒼白；每當遇上風，葉子的移動會非常明顯，亦是英文名稱「Turn-in-the-wind (隨風轉動)」的由來。每片葉子都有一對花外蜜腺，位於葉片基部[49,269]，功能可能與血桐相似。

白楸的花和果實與血桐相似。白楸與血桐一樣，樹木均屬雌雄異株，從而確保異花授粉，提高種子遺傳變異性。花在細長頂生花序中生長，高度收縮，不帶花被，有50至60枚雄蕊 (雄花) 或由三塊心皮融合而成的單一雌蕊 (雌花)[77]。花會吸引東方蜜蜂 (*Apis cerana*) 等蜜蜂訪花，但情況似乎只見於雄株，更有人認為白楸可能會經風媒授粉。

每個果實都由特有的厚實柔軟穗子覆蓋，成熟時會裂開，露出三顆閃亮的黑色種子，並由鳥類和松鼠散播[62,270]。

圖66. 白楸 (*Mallotus paniculatus*)。(A) 花枝：伸長的花序。(B) 果實特有軟穗，裂開後會露出黑色種子。

A
B

白千層

Melaleuca cajuputi Roxb. subsp. *cumingiana* (Turcz.) Barlow

(= *Melaleuca cumingiana* Turcz.; *Melaleuca leucadendra* auct. non (L.) L.;
Melaleuca quinquenervia auct. non (Cav.) S. T. Blake)

—— ❧ ——

白千層 (*Melaleuca cajuputi* subsp. *cumingiana*；Paper-bark tree；桃金娘科)[254] 並非原產於香港，而是透過政府的重新造林計劃引進香港廣泛種植[25]。有證據顯示白千層能夠在本地的森林中自然更替[51,53]，但該物種幸而未像其他地方般成為具侵略性的外來入侵種[271]。本地生長的樹木在分類學上身份一直相當混亂，*Melaleuca leucadendra* 和 *Melaleuca quinquinervia* 的名稱亦遭到誤用。雖然有說法指該物種是從澳洲引進[254]，但是在香港出現的亞種實際上是源自中南半島、馬來西亞半島、蘇門答臘和婆羅洲[272]。白千層是玉樹油的來源，因而得到廣泛種植，玉樹油可從葉子提取，當作藥用減充血劑使用 (decongestant)[273]。

英文名稱「Paper-bark tree」描述了白千層樹皮的特徵，樹皮像多層紙張般剝落 (圖68中的A、B)。複雜的樹皮結構可能是一種演化而成的適應性，可以增加耐火時間和吸熱作用，於是樹皮結構複雜的物種都能在容易發生週期性火災的地區生存[274]。

花細小，有一枚管狀花萼和五塊細小而平展的花瓣。雄蕊長約1厘米，從花中伸出，令花序呈羽毛狀。表面上，白千層在花的排列上與紅千層屬 (*Callistemon*) 很相似，但是白千層有五束明顯融合的雄蕊，而紅千層屬則沒有這種特徵。然而更明顯的分別在於花的顏色，本地栽培的紅千層屬有紅花，而白千層的花呈白色。白千層種子可隨風飄散，在乾燥木質蒴果內發育 (圖68中的C)，果實會在樹枝上停留相當長的時間。種子得到的長期保護亦可能是一種適應性，可以避免遭火焚燒。

圖67. 白千層 (*Melaleuca cajuputi* subsp. *cumingiana*) (圖68顯示樹皮和果實)。(A) 花枝：花序的花有突出的雄蕊。(B, C) 處於不同發育階段的花序。

A
B
C

A
B
C

破布葉

Microcos nervosa (Lour.) S. Y. Hu

(=*Grewia microcos* L.; *Microcos paniculata* auct. non L.)

—— ✍ ——

破布葉 (又稱布渣葉；*Microcos nervosa*；Microcos；錦葵科)[275]是一種小樹 (可生長至12米高)，原產於中國南部，常見於低地森林。花朵顏色蒼白，發育形成小簇。花有五塊外觀明顯的萼片 (5至7毫米長)，與同等數量的小花瓣交替排列。花兩性，有多枚雄蕊和一枚由三塊心皮融合而成的雌蕊。破布葉的花主要吸引蜜蜂，但蝴蝶有時也會訪花[276]。

果實是細小「核果」(狀似漿果，種子周圍有堅硬的內果壁)，約為7×10毫米大，成熟時會變黑，帶有光澤。核果會由鳥類和靈貓科動物食用，牠們都能有效傳播種子[40,62]。

破布葉葉子的提取物已廣泛應用於傳統中藥，既可當作鎮痛劑使用[277]，亦能預防冠心病[278]。破布葉現在已成為大量藥理學研究的焦點。

破布葉屬的高層分類一直頗具爭議。當代分類學研究通常會盡力確保所有的植物科都能代表演化樹上 (親緣關係) 不同的分支：如果某科證實代表了多於一個親緣關係分支，或者只能代表一個較大分支的其中一部分，那麼該科的劃分就會相應調整，衍生的「子分支」便得以排除於該科之外。破布葉屬傳統上歸入椴樹科 (Tiliaceae)，但該科證實是高度異質，導致椴樹科被合併入錦葵科這個範圍較廣的植物科[279]。其他研究人員表示反對，並承認了幾個規模較小的科，其中破布葉屬歸入垂蕾樹科 (Sparrmanniaceae) 科[280]。生物分類從來都不是一成不變，會隨著新資料面世而變化，反映這門研究的靈活特性。

圖69. 破布葉 (*Microcos nervosa*)。(A) 花枝：花序由小花組成。(B) 花序的細節。(C) 單花：有五塊外觀明顯的萼片。(D) 果實。

B
C
A
D

楊梅

Myrica rubra (Lour.) Sieb. & Zucc.

楊梅 (*Myrica rubra*；Strawberry tree；楊梅科)[281]是一種小型喬木 (一般生長至5米高，但有時可達15米)，常見於香港的灌木叢和次生林[1]。在分類學上，楊梅科與殼斗科早已被認為關係密切，例如，喬治•邊沁 (George Bentham) 在《香港植物誌》 (*Flora Hongkongensis*) 裡把兩者一同歸入「Amentaceae」科[8]。最近根據基因序列資料進行的親緣關係重建亦支持這種分類[282]。該譜系的許多物種，例如楊梅[283]和木麻黃 (*Casuarina equisetifolia,* 詳見) 都擁有根瘤，與固氮絲狀菌建立共生關係，亦為樹木提供重要的富氮營養物質，使樹木能夠在營養不良的土壤中茁壯成長。亦有證據證明，開花植物發生過多次的平行演化以發展出此種共生關係，當中包括木麻黃和楊梅所屬的共同祖先[33,284]。

楊梅花高度收縮，不帶萼片和花瓣，但有兩至四塊小苞片。每棵樹只開一種性別的花：雄樹長出的柔荑花序較長 (1至3厘米長)，花有四至六枚雄蕊，暗紅色的花藥帶有花粉；而雌性樹花序較短 (0.5至1.5厘米長)，每朵花都會伸出一對鮮紅色的分叉柱頭[281]。

由於楊梅是可食用的肉質果實，所以在中國已有二千多年的栽種歷史，但在其他地方卻鮮為人知[285]。果實是深紅色或紫紅色的「核果」，有一層堅硬的果實內壁，種子被動物吞下後會通過腸道，內壁便能保護種子。有許多報告稱，鳥類會食用楊梅果實[68]，所以牠們可能是重要的種子傳播者，但亦有報告說香港的靈貓科動物會食用楊梅[62]。

圖70. 楊梅 (*Myrica rubra*)。(A) 雌樹的花枝：雌花呈穗狀，有一對鮮紅而分叉的柱頭。(B) 雄花：雄蕊和苞片。(C) 雌花：分叉的柱頭和苞片。(D) 果枝：核果呈深紅色。

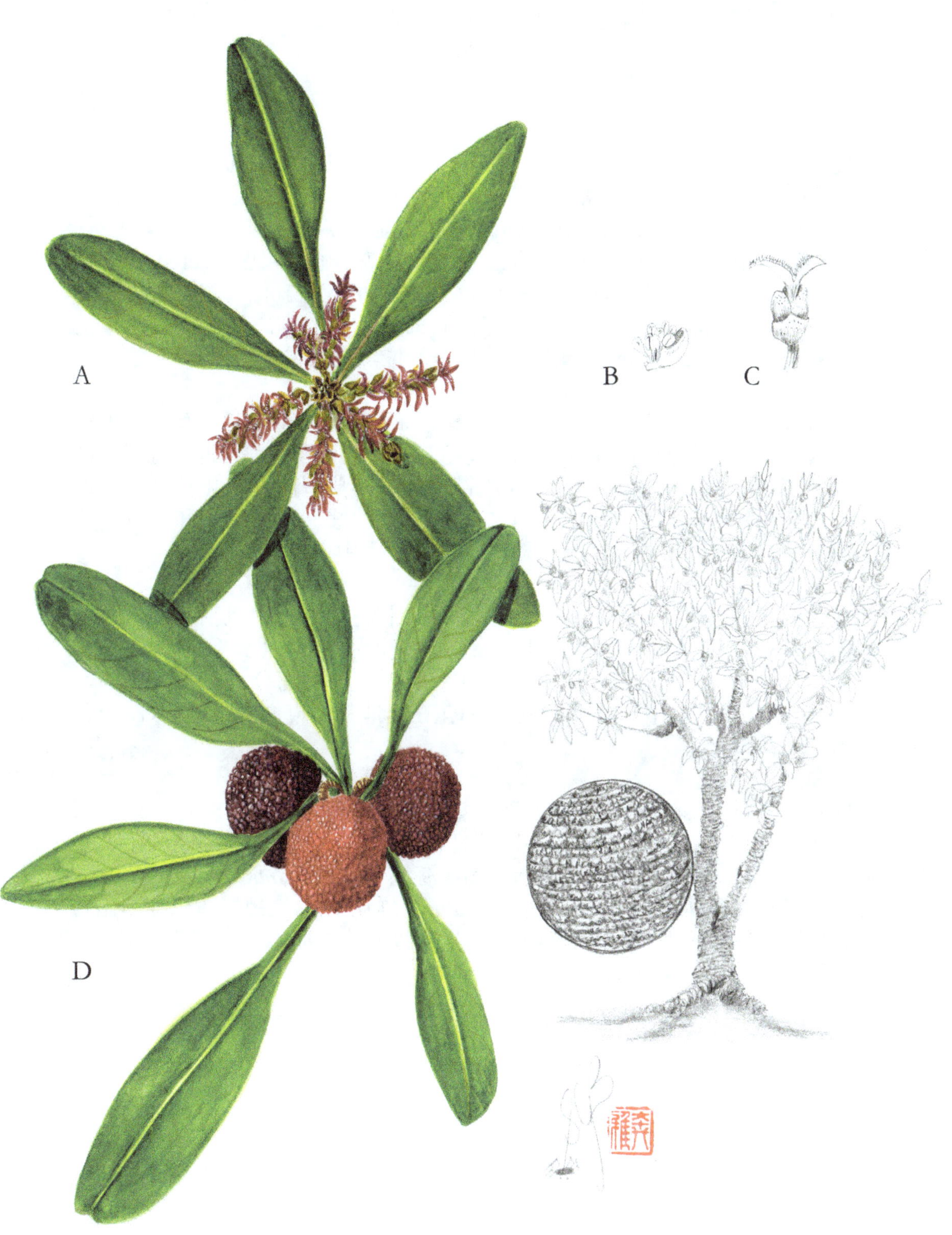
A
B
C
D

凹葉紅豆

Ormosia emarginata (Hook. & Arn.) Benth.

(=*Layia emarginata* Hook. & Arn.)

———∽———

凹葉紅豆 (*Ormosia emarginata*；Emarginate-leaved Ormosia or Shrubby Ormosia；豆科)[165] 是一種常見的本地喬木或灌木，可生長至約10米高。凹葉紅豆最早由李太郭 (George Lay) 收集，他是英國皇家海軍花叢號 (*H. M. S. Blossom*) 上的自然學家，和船長弗雷德里克•威廉•比奇 (Frederick W. Beechey) 一同探索白令海峽和北太平洋 (1825 – 28年)[286]。儘管李太郭從未到訪過香港，但凹葉紅豆隨後在1847年至1850年期間於跑馬地由英國陸軍上尉杉彼安 (J. G. Champion) 收集[165]，他也是一位熱衷的自然學家。

紅豆屬 (*Ormosia*) 的特點在於密集的複葉，每葉長有三至七片小葉。凹葉紅豆與其他本地紅豆樹屬物種有所不同，其中凹葉紅豆每片小葉的前端有缺口。熱帶和亞熱帶樹木通常不會像溫帶樹種般有典型的長期無葉階段，但是大部分樹種的葉片只能維持一年左右；本地樹種通常在二月和四月之間形成新葉，但是凹葉紅豆卻不一樣，到了在夏季中期才會換葉[2]。

凹葉紅豆長有典型豆科植物的花，有五塊爪狀花瓣，當中包括一塊擴大的上部花瓣 (即「旗瓣」〔standard〕，約7×8毫米)，一對「翼瓣」(wings) 和兩個下部「龍骨瓣」(keels)。然而，紅豆屬的花和大部分豆科植物不同，因為十枚雄蕊均沒有融合。凹葉紅豆的花在本地是由東方蜜蜂 (*Apis cerana*) 授粉[61]。

花內有單生心皮 (solitary carpel)，隨後會發育成一個較短的莢果 (3至5.5厘米長)，成熟時會裂開，露出最多四顆鮮紅色的種子。種子外觀和肉質漿果相似：正如豆科的許多其他物種一樣 (例如海紅豆〔*Adenanthera microsperma,* 詳見〕和亮葉猴耳環〔*Archidendron lucidum,* 詳見〕)，這種模仿已經演化到可以欺騙食果鳥類，從而傳播種子，無需再投入能量成本提供糖分回報[195]。

圖71. 凹葉紅豆 (*Ormosia emarginata*)。(A) 花枝：形態各異的白色花瓣。(B) 果枝：未成熟和成熟的莢果；成熟的莢果已經打開，露出鮮紅色漿果狀的種子。

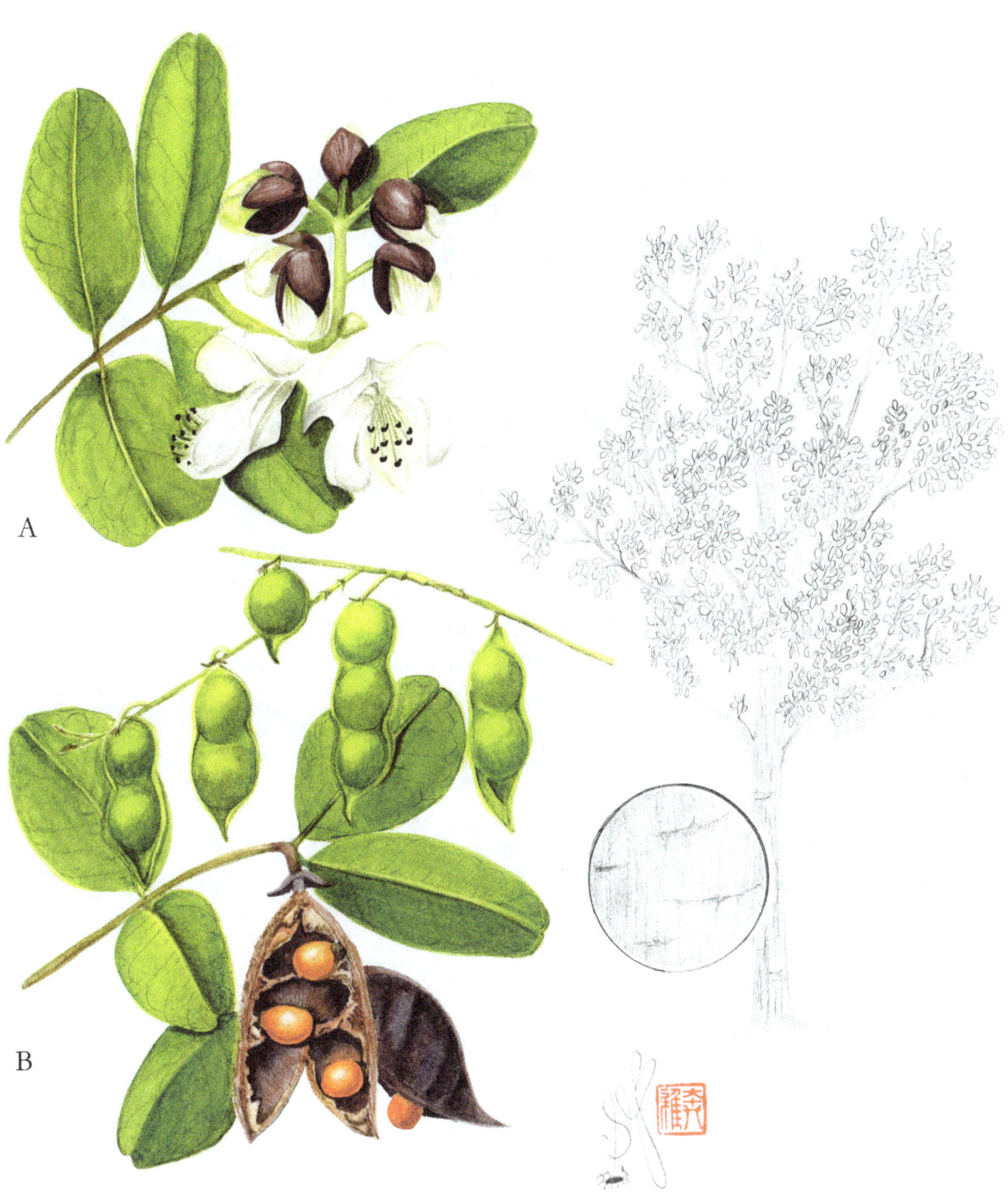

A
B

牛矢果

Osmanthus matsumuranus Hayata

牛矢果 (*Osmanthus matsumuranus*；Taiwan Osmanthus；木犀科)[287]是本地罕見的植物，在香港只有少數地方有發現的記錄。牛矢果的英文名稱是「Taiwan Osmanthus」，但是這種植物亦原生於香港。牛矢果是中型喬木(可長至15米高)，葉對生，花序腋生。花序由許多黃白色的小花組成，既有兩性花，亦有單性花 (雄花和雌花可生於同一棵樹或不同的樹上)[157]。每朵花有一枚四裂融合的花萼，四枚融合的花瓣 (3至4毫米長)，兩枚雄蕊著生於花冠管上，亦有一枚複合雌蕊；具備性功能的雌花帶有不孕雄蕊，而具備性功能的雄花卻沒有雌蕊[27]。

木犀屬植物的花香氣濃郁，而牛矢果和桂花 (*Osmanthus fragrans*；同樣在香港生長) 關係密切，後者在中國亦有種植，桂花與綠茶或紅茶葉混合後可製成花茶，亦可以為甜點調味[288]。花香無疑能吸引授粉者，但亦有證據顯示花香含有揮發性化合物，可以阻止蝴蝶產卵，避免葉子遭到毛蟲損害。

果實是肉質「核果」(15-25×8-12毫米)，有一層堅韌內果壁包裹單生種子，成熟後呈紫黑色[287]。這些特徵可能是吸引鳥類散播種子的適應性：食果鳥類通常被深色果實所吸引，核果的大小和鳥類喙部大小吻合，而堅韌的內果壁層會在種子通過鳥類的腸道時保護種子。

圖72. 牛矢果 (*Osmanthus matsumuranus*)。(A) 花枝：淡黃色花朵形成花序。(B) 花序。(C) 單花：成對的雄蕊和單一的雌蕊。(D) 果枝：紫黑色的核果。

A
B
C
D

馬甲子
Paliurus ramosissimus (Lour.) Poir.
(= *Paliurus aubletia* Schult.)

———— ∽ ————

馬甲子 (*Paliurus ramosissimus*；Thorny wing nut；鼠李科)[290]常見於林緣和開闊的沿海地區。馬甲子樹很小　（只能長至5米高），葉互生，基部有一條小刺。花呈乳白色，有五塊扁平三角形萼片，基部融合呈筒狀，環繞雌蕊基部。萼裂片和匙羹形花瓣（約1至1.5毫米長）數目相等，並且交替排列。花兩性，有五枚雄蕊和一枚由三塊心皮融合而成的雌蕊。

果實乾燥，呈半球形，前端明顯扁平。果實形狀不尋常，因為受精後心皮壁上部會向側膨脹，形成橫跨果實頂部的加厚翼[291]。由於雌蕊由三塊融合心皮組成，成熟果實上的翅膀明顯呈三裂圓盤狀，而且脈絡明顯。馬甲子屬 (*Paliurus*) 　部分物種的果實有非常寬闊而纖薄的果翅，很可能在種子隨風散播時發揮作用[68]。然而，馬甲子的果翅較窄和厚，呈楔形，顯然不適合風媒傳播，所以馬甲子種子似乎主要隨水傳播：馬甲子一般都長在沿海的生境（馬甲子有時甚至被視為「半紅樹林」物種[292]），加上果翅呈「木塞狀」，因此可以在水上漂浮。曾有實驗評估馬甲子種子在海上的浮力，顯示種子即使暴露於鹽鹼環境中長達四個月，仍然具備浮力，甚至有高達73%的種子成功發芽[292]。然而，如果馬甲子依靠水來傳播，那麼便很難解釋為何馬甲子遍佈內陸地區的森林邊緣，因此有必要作更深入研究，以釐清馬甲子是否另有傳播方式。

圖73. 馬甲子 (*Paliurus ramosissimus*)。(A) 花枝：乳白色的小花。(B) 花：萼片外觀突出。(C) 果枝：未成熟的半球形翅果。(D) 成熟果實有三葉翅膀。

露兜樹

Pandanus tectorius Parkinson

露兜樹 (*Pandanus tectorius*；Pandanus or Screw pine；露兜樹科)[293]在熱帶地區廣泛栽培，常見於香港，通常生長在海岸附近。樹幹有分枝，有明顯的氣生根，葉子以螺旋狀排列，聚生在莖的頂端。葉子特別之處在於帶刺，邊緣和中脈的下表面有鋸齒狀倒刺 (圖75 (D))。

樹木單性，有助防止自我受精，增加後代的遺傳多樣性。雄株 (圖74) 有大型頂生穗狀花序 (spadix；長達8厘米)，由佛焰苞 (spathe) 所包圍。花序由大量高度收縮的雄花組成，每朵花有十至二十五枚雄蕊，着生於花絲束上 (圖74 (C))。雌花序頭接近球型，生於枝頂上，每朵花有二至十二塊融合的心皮。雄花和雌花都沒有花被。

記錄顯示蜜蜂會訪問雄性花序並收集花粉，但蜜蜂明顯不受雌性花序吸引，因此不會傳遞花粉；露兜樹會產生大量花粉，所以很可能經風媒授粉[294]。然而，有些證據顯示露兜樹偶爾會進行無性繁殖，即果實和種子會在沒有胚珠受精的情況下發育[294]。

露兜樹果實由四十至八十個纖維狀「核果」(這些不開裂果〔indehiscent fruits〕的果壁內層堅硬) 聚合而成。每個核果 (圖75 (B)及(C)) 由兩至十二塊經發育的心皮組成[293]。果實具浮力，經常發現在海灘漂浮，因此洋流或有助露兜樹遠距離傳播種子[294]。然而，太平洋的島嶼也有證據顯示，螃蟹[295]和狐蝠亦能為島嶼上的露兜樹播種[294]。

圖74.　露兜樹　(*Pandanus tectorius*；果實見圖75)。(A)　雄株花枝：肉穗花序和佛焰苞。(B)　佛焰苞包著一個雄性穗狀花序。(C)　雄花高度收縮，有基部融合的雄蕊。(D, E) 雄蕊。

A
B
C
D

圖75. 露兜樹 (*Pandanus tectorius*；花見圖74)。(A) 果枝：聚花核果。(B, C) 單個核果。(D) 葉片：邊緣帶有豎起的刺。

A
B
C
D

香港大沙葉

Pavetta hongkongensis Bremek.

(=*Pavetta indica* auct. non L.)

香港大沙葉(又稱茜木；*Pavetta hongkongensis*；Hong Kong Pavetta；茜草科)[67]
常見於香港風水林和次生林。個體一般呈灌木狀，但可以長至約10米高。
葉子表面特有明顯的葉瘤　(nodule)，色素通常比葉片更深。葉瘤有細菌菌
落，能夠將大氣中的氮氣轉化為含豐富氮的化合物以供樹木使用[296,297]。
樹木似乎依賴於這種共生關係，有證據顯示當中存在一種複雜的機制，確
保新形成的葉片都能接種到細菌。葉子與「托葉」(葉柄基部苞片狀附屬
體〔appendages〕) 相連。托葉上有刷子狀的腺毛，腺毛產生和滲出粘稠物
質，內藏的細菌通過氣孔接種到植物芽內的幼苗[296,298]。亦有證據顯示，細
菌會在世代之間傳播，居於種子之內，並與胚胎相鄰[299]。

香港大沙葉的花排列成鬆散的聚傘花序，和同科植物水團花 (*Adina pilulifera*,
詳見) 的花相似，不過香港大沙葉通常有四片而非五片花器。細小的萼片融
合成一個細小的萼管 (約1毫米長)，白色花瓣則融合成一條細長的花冠管 (約
15毫米長)，並有四塊向外突出的裂片。雄蕊位於花冠管口的花瓣裂片之
間，每朵花都有一條長長的花柱　(約35毫米長)，遠遠超出花冠[67]。花主要由
鳳蝶科訪問，但天蛾科亦會訪花[61]，用吻管探入花中採集花蜜。花受精後便
會結出細小的肉質漿果 (直徑約6毫米)，種子可能由鳥類散播。

香港大沙葉目前在香港受到《林區及郊區條例》下的《林務規例》保護[2]。

圖76. 香港大沙葉 (*Pavetta hongkongensis*)。(A) 花枝：一簇簇白色的管狀花。(B, C) 葉
子 (上表面) 特有葉瘤。(D) 花序的一部分，花柱突出。(E) 果序由細小肉質漿果組成。

五列木
Pentaphylax euryoides Gardn. & Champ.

—— ∾ ——

五列木 (*Pentaphylax euryoides*；Common Pentaphylax；五列木科)[300]是遍布東南亞的原生物種，在香港的灌木叢和早期次生林非常常見[1]，通常呈灌木狀，高度很少超過10米。

五列木的花細小而呈白色，形成腋生或頂生花序，最下面的花首先開放。花明顯是五數花 (pentamerous)，有五塊圓形萼片 (直徑1.5至2.5毫米) 和五塊稍長的花瓣　(4至5毫米長)[300]。花兩性，五枚雄蕊和花瓣交替排列，花絲側面膨大，形成一條基管，與花瓣結合。心皮有五室，五個柱頭都生在一條融合的花柱上。

五列木花由東方蜜蜂 (*Apis cerana*) 授粉[61]。果實是乾燥的蒴果，成熟時沿五瓣裂開，釋放出種子，種子細小　(5至6毫米長)，先端呈翅狀，可隨風飄散[103]。

五列木是五列木屬中唯一的物種，在分類上的親緣關係一直頗具爭議，學術界普遍認為五列木為山茶科 (Theaceae) 或厚皮香科 (Ternstroemiaceae) 的一員。分子系統學最近的研究確認了五列木與厚皮香科的親緣關係[71]，然而厚皮香科在納入五列木屬之後便改稱為五列木科　(Pentaphylaceae)。除了五列木外，本書還收錄了黃瑞木 (*Adinandra millettii*) 和茶梨 (*Anneslea fragrans*) 兩種五列木科植物。

圖77. 五列木 (*Pentaphylax euryoides*)。(A) 花枝。(B) 單花：五列 (pentamerous) 花瓣和雄蕊。(C) 果枝：蒴果沿五瓣裂開，釋放出隨風飄散的種子。

A
B
C

閩粵石楠

Photinia benthamiana Hance

—— ∽ ——

閩粵石楠 (*Photinia benthamiana*；Bentham's Photinia；薔薇科)[196]常見於香港的次生林[1]。閩粵石楠是一種小樹，然而有些個體可長至10米高。閩粵石楠是典型的薔薇科植物，花兩性，五數 (pentamerous；花器數目是五的倍數)：有五塊基部融合的小萼片，五塊白色花瓣 (3-5毫米長)，二十枚粉紅色的雄蕊，以及一枚融合的雌蕊[196]。

相對於其他花器，薔薇科植物的雌蕊位置不定，有些物種有一個「上位」子房，位於萼片和花瓣的連接處，而有些物種則有一個「下位」子房，更深嵌於花中，位於萼片和花瓣下方。正如本書〈茶梨〉條目所言，下位子房形態這種演化起源賦予物種一種重要的選擇優勢，可以保護子房 (以及裡面產生的胚珠和卵子) 免受花客和食草動物侵害[81]下位子房已確定是許多植物譜系演化出來的一個關鍵創新性狀[33]，從各自的起源沿不同的演化路線發展，反映花的形態多樣化。閩粵石楠等石楠屬植物的花有一個下位子房，由花托筒 (花托的杯狀延伸) 所包圍，頂端有萼片和花瓣[301]。

閩粵石楠與許多薔薇科植物一樣，結出肉質果實 (稱為「梨果」〔pomes〕)，其果壁主要發育自花托筒而非子房壁。這類型的果實相信是讀者最熟悉的，因為商業種植的蘋果和梨特點在於果實頂端仍保留萼片，處於果柄的一側；萼片宿存的特徵亦見於閩粵石楠和相關物種枇杷 (*Eriobotrya japonica*，詳見)。親緣關係的重建顯示，肉質果實很可能是演變自薔薇科具有乾果的祖先[302]。

圖78. 閩粵石楠 (*Photinia benthamiana*)。(A) 花枝：一簇簇白色小花。(B) 葉脈。(C) 花。(D) 果枝。

餘甘子

Phyllanthus emblica L.

—— ∽ ——

餘甘子 (*Phyllanthus emblica*；Emblic或Myrobalan；葉下珠科)[77]是非常常見的本地物種。餘甘子表面上看來長有由小葉 (leaflets) 組成的大型複葉；然而細看便會發現這些「小葉」實際上細小的葉子 (8至20 × 2至6毫米)，互生在嫩枝上[77]。形態學的解釋清楚說明葉子基部有細小而明顯的鱗片狀附屬物 （稱為「托葉」）：托葉只見於葉子，不見於小葉。花在細小葉子的腋下生長，所以人們誤以為餘甘子的花長於大型複葉之中；屬名「*Phyllanthus*」或許由此而來，其字面意思是「葉子花」。

花高度縮小，一朵雌花和兩至六朵雄花組成聚傘花序。每朵花有六塊萼片 (1.2至2.5毫米長)，但不具花瓣；雄花的三枚雄蕊會融合成一條中心柱；而雌花的雌蕊則由三塊心皮融合而成[77]。

餘甘子果實是細小而呈圓形的「核果」(核果是肉質果實，種子周圍有堅韌的內果壁)，而且味道頗酸。果實主要由鹿和葉猴 (colobine monkey) 食用，但松鼠和箭豬等動物也會吃果實[303]。鹿會吞下整個果實，然後反芻種子，但種子仍被包裹在堅韌的果實內壁中；相反猴子較不挑剔，會先在果實上咬幾口，然後吐出種子等剩餘部分[303]。赤麂 (吠鹿；Muntjacs/barking deer) 似乎是餘甘子在香港最重要的種子傳播者[110]，不過也有人認為靈貓科也可能會進食餘甘子果實[62]。

餘甘子廣泛用於藥物上：果實含大量維他命C，可用作對抗壞血病和治療各種消化道疾病[304]。果實和葉子的提取物已證實具備抗炎和鎮痛作用[305,306]。本物種現在是大量藥理學研究的焦點。

圖79. 餘甘子 (*Phyllanthus emblica*)。(A) 花枝：小葉交替排列。(B) 雌花有三個柱頭。(C) 雄花三枚雄蕊融合成一條中心柱。(D) 果枝。

D
A
B
C

濕地松
Pinus elliottii Engelm.

—— ⁊ ——

濕地松 (又稱愛氏松；*Pinus elliottii*；Slash pine；松科)[307]是香港僅有的兩個松樹品種之一。濕地松原產於美國東南部，但自上世紀60年代中開始，香港已透過重新造林政策廣泛種植該樹[25]，濕地松亦經常和台灣相思 (*Acacia confusa*) 和紅膠木 (*Lophostemon confertus*) 等外來物種一同種植。濕地松很容易與本地的松樹樹種馬尾松 (*Pinus massoniana*, 詳見) 區分起來，濕地松不但有更大、更粗壯的葉子 (18至25厘米長，而馬尾松葉子只有10至18厘米長)，其果實亦更為碩大 (達14厘米長；馬尾松果實只有4至7厘米長)[307]。葉子一般被稱為「針葉」，以兩至三片為一簇。

松樹是裸子植物，生殖器官是毬花 (cones)，而非花朵。松樹都是雙性植物，但有獨立的雄毬花和雌毬花；雄毬花很小，簇生，呈螺旋狀，而雌毬花則大得多並單生。雄毬花結構較簡單，由膜質「孢子葉」(可孕葉狀結構) 組成，附有的孢子囊內藏花粉。雌毬花較大，結構亦複雜得多，器官呈螺旋狀排列而成，承載胚珠；「雌花鱗」(ovuliferous scales) 和雄毬花有相同的演化起源[308]。

松樹品種全都是風媒授粉植物，每粒花粉都兩個大的空氣腔。空氣腔或有助延長花粉在空氣的傳播時間，然而最近有研究顯示[309]，空氣腔或有助花粉漂浮至朝下的胚珠入口處形成的粘性「授粉滴」，方便傳送花粉到卵子附近。這種植物的生殖週期很長，雖然早在春天授粉，但種子要到一年半後的冬季才告成熟。雌性毬果在發育時轉趨木質化，成熟時鱗片分離，釋放出種子，種子帶有翅膀，有助傳播。

圖80. 濕地松 (*Pinus elliottii*)。(A) 樹枝上有毬花，亦有長長的針葉和細小的雄毬花。(B) 雌毬花。(C) 有翼的種子。

A
B
C

馬尾松

Pinus massoniana Lamb.

(= *Pinus sinensis* Lamb.)

———— ✑ ————

馬尾松 (又稱山松；*Pinus massoniana*；Chinese red pine；松科)[307]是一種裸子植物 (結毬果的植物)，也是唯一原生於香港的松樹品種。到了19世紀中期，香港的森林已經很少，但馬尾松仍然得到保留，繼續生在地勢較低的山坡上，被人們當作柴火使用[2,25]。自19世紀70年代初開始，香港實施一項大型的植樹造林計劃，滿足對木材和木柴與日俱長的需求。對木材的需求在19世紀80年代達致頂峰，香港亦透過直接種植和播種，栽培了至少一百萬棵樹木，當中大部分都是馬尾松[2,25]。第二次世界大戰期間，來自中國大陸的燃料供應中斷，對木柴的需求增加，大部分森林因而遭到破壞，到了日佔時期 (1941至1945年)，森林砍伐的速度大大增加。即使後來亦有重新造林，但規模已不及之前。

松材線蟲 (*Bursaphelenchus xylophilus*) 所造成的影響，足以證明引入外來物種可能造成的生態破壞。松材線蟲引起「松樹枯萎病」(pine wilt disease)，松樹感染後可能在六個月內死亡；長角甲蟲 (Cerambycidae) 的幼蟲會鑽入樹幹，傳播松材線蟲[3]。松樹枯萎病在原生地北美造成的損害有限，但是傳到世界各地 (香港在1982年首度證實發現該病) 後，松樹種群受到廣泛破壞。在香港，馬尾松已證實比濕地松 (*Pinus elliottii*, 詳見) 等外來松樹更容易受到松樹枯萎病影響[2]。馬尾松大規模凋萎難免對本地環境造成重大影響，但是空中播種能減少物種的部分損失。

圖81. 馬尾松 (*Pinus massoniana*)。(A) 樹枝結有一簇簇雄性毬花。(B, C) 雌性毬花 (閉合和開放)。

A
B
C

羅漢松

Podocarpus macrophyllus (Thunb.) Sweet

羅漢松 (*Podocarpus macrophyllus*；Buddhist pine or Kusamaki；羅漢松科)[310]
屬於中型常綠樹種 (可長至15米高)，葉片堅硬，呈帶狀。雖然羅漢松在香
港的分佈狹窄[136]，但是得到人們廣泛種植，如今已成為本地常見的觀賞植
物[80]。羅漢松因為風水因素而備受重視，因此非常珍貴：媒體曾多次報道本
地的羅漢松遭到非法拔除，並走私到中國內地。

羅漢松是一種裸子植物，其胚珠包含卵細胞，不像開花植物般受到子房壁
包圍保護。羅漢松雌雄異株，雄株生有類似柔荑花序的圓錐毬，均由多塊
螺旋狀排列的鱗片組成，每塊鱗片都有兩個花粉囊[311]。每粒花粉有一對氣
囊，有助花粉隨風傳播。

雌株的生殖結構細小，單生於葉腋下，並由短梗上的單個胚珠組成，附著
在苞片上表面。胚珠下彎反曲，所以胚珠前端會朝著苞片的基部開口。開
口處附近形成粘性「授粉滴」，捕獲風中的花粉；花粉粒的氣囊起到浮動
作用，幫助花粉上移至胚珠的孔口[311,312,313]。

由於羅漢松是一種裸子植物，所以種子會直接結在樹枝上，不像開花植物
般有果壁保護。成熟的種子有一塊紫黑色的套皮 (epimatium；一種生長自
胚珠苞片的膨脹附屬體)，種子成熟時，胚珠的柄變為肉質並呈鮮紅色。肉
質的種柄能吸引鳥類，所以鳥類是羅漢松有效的種子傳播者[314]。種柄的功
能與許多開花植物的肉質果皮相似，但是解剖學上頗有不同，而且有其獨
立的演化起源。

圖82. 羅漢松 (*Podocarpus macrophyllus*)。(A) 雄性生殖枝：雄毬花狀似柔荑花序。(B)
雌性生殖枝：有細小的單生胚珠。(C) 雌性生殖枝帶有種子。(D) 單枚種子生於肉質的
紅色柄上，有紫黑色的套皮，外觀和水果相似。

A
B
C
D

大頭茶

Polyspora axillaris (Roxb. ex Ker Gawl.) Sweet

(=*Camellia axillaris* Roxb. ex Ker Gawl; *Gordonia anomala* Spreng.; *Gordonia axillaris* (Roxb. ex Ker Gawl.) D. Dietr.)

———&cs;———

大頭茶 (*Polyspora axillaris*；Gordonia or False Camellia；山茶科)[69]是香港常見的常綠樹種。大頭茶多年來都被歸入*Gordonia*屬；然而經分析基因序列資料來重建演化關係後，發現中國和北美的*Gordonia*屬植物並沒有密切關係，而*Gordonia*一名已首先用於命名北美的物種，所以大頭茶便被歸入*Polyspora*屬[5]。

大頭茶的花非常顯眼，白色花瓣大而豔麗 (3.5至5厘米長)。大頭茶主要靠大型的胡蜂授粉，然而蜜蜂、蝴蝶、飛蛾和鳥類等多種動物亦會訪花[61,315]。人們常常發現鳳蝶會以花蜜為食，雖然鳳蝶的身體有時會收集花粉粒，但很少會觸踫到柱頭，所以鳳蝶主要是盜蜜動物，而非授粉動物[315]。香港的大頭茶會在九月至十二月之間開花，但果實要到來年十月至四月之間的冬季才會成熟[195]。

成熟的果實是乾燥的蒴果，頂部裂開後便會釋放出有翅的種子，種子會隨風飄散，能傳播到遠處。大頭茶是先鋒植物，能於受到干擾的地區生長，而這些地區少有由動物傳播的物種。大頭茶能在低養份的土壤中茁壯成長，使它能成為灌木叢和早期次生林裡的優勢植物[316]。

圖83. 大頭茶 (*Polyspora axillaris*)。(A) 花枝：花朵顯眼。(B) 單花。(C) 心皮。(D) 雄蕊。(E) 果實。

A
E
C
D
B

石筆木

Pyrenaria spectabilis (Champ.) C. Y. Wu & S. X. Yang

(= Camellia reticulata auct. non Lindl.; *Camellia spectabilis* Champ;
Tutcheria spectabilis (Champ.) Dunn)*

——⌇——

石筆木 (*Pyrenaria spectabilis*；Common Tutcheria；山茶科)[69]是罕見的本地物種，現在受到香港政府《林區及郊區條例》下的《林務規例》保護[98]。在二十世紀上半葉，政府曾試圖透過造林計劃種植石筆木，惟成效不彰[25]，最近有研究顯示，石筆木在香港的劣化山坡上作植林物種方面具備一定潛力[317]。

石筆木的花較大，而且相當豔麗 (直徑4至7厘米)，有九至十一塊重疊的圓形萼片，五或六塊明顯的白色花瓣 (4至5 x 2至3厘米)，雄蕊和花瓣底部融合，此外石筆木花還有一枚複合雌蕊，突出的淺裂柱頭會伸出花外接受花粉。

石筆木與山茶屬物種 (例如紅皮糙果茶〔*Camellia crapnelliana*, 詳見〕和香港茶〔*Camellia hongkongensis*, 詳見〕) 關係密切，兩者果實外觀相近，但也可以以果實打開的方向作區分 (石筆木的果實於基部裂開，但山茶屬的果實會從前端裂開)[69]。雖然目前對石筆木種子的傳播機制所知甚少，但石筆木似乎是經「分散囤積」方式傳播種子的又一例子。齧齒動物會收集和儲存果實供日後食用，如果齧齒動物未能取回果實，種子便能成功發芽，然而重點在於香港已經沒有可以進行「分散囤積」的齧齒類動物[139]，因此利用這套傳播機制的物種相當罕見，而次生林亦明顯缺少這些植物。石筆木和關係密切的大頭茶 (*Polyspora axillaris*, 詳見) 形成鮮明對比，大頭茶的種子有翼，可以隨風飄散，所以大頭茶在香港更為常見，亦被視為先鋒物種，可以在受干擾的地區生長，在早期次生林裡具支配的地位[316]。

圖84. 石筆木 (*Pyrenaria spectabilis*)。(A) 花枝：花朵大而豔麗。(B) 果枝：乾燥的蒴果。(C) 果實。

A
B
C

豆梨
Pyrus calleryana Decne.

—— ∾ ——

豆梨 (*Pyrus calleryana*；Callery pear或Wild pear；薔薇科)[196]原產於中國南部，但在香港卻較為罕見[1]。豆梨可長至約8米高，特有一簇簇迷人的白花。花有五塊明顯的爪狀花瓣 (約13×10毫米) 和許多明顯的雄蕊。肉質果實呈綠褐色，直徑約1厘米。

梨屬 (*Pyrus*) 物種已有數千年的栽培歷史，商業栽培的梨起源自西洋梨 (*Pyrus communis*) 的精選變種。1917年，美國農業部資助了一支探險隊前往中國尋找野生梨子，尋找抗病基因，從而改良當時的栽培品種[318]。豆梨在19世紀首次作記載[319]，到了1908年便作為觀賞樹引入栽培[318]，這些豆梨樹都是其中一個重要的種子來源。

豆梨等眾多梨屬物種可以自由雜交，形成可孕的雜交種。在特定情況下，如果將多個「栽培品種」(經人工培植的品種) 混合種植以鼓勵雜交，就可以提升結果的數量 (fruit set)[318]。自20世紀50年代和60年代開始，美國大力推廣栽培豆梨，並作為觀賞樹廣泛種植，但是到了20世紀90年代，人們開始擔心豆梨有機會成為入侵性植物，他們發現豆梨不僅開花繁茂，引進後短短三年便能結出種子，還能廣泛進行雜交[318]。取自多個種群來源的豆梨栽培品種進行雜交後，種子的遺傳多樣性便會大大提升，亦是激發豆梨進行入侵性傳播的主要因素：豆梨與許多其他雜草不同，物種的入侵性並非來自雜交發展出的適應優勢[320,321]。無論雜交是在不同的物種之間進行，還是在同一物種內基因相異的譜系之間發生，現在都會被視為大大增加入侵潛力的演化途徑[322]。

圖85. 豆梨 (*Pyrus calleryana*)。(A) 花枝：一簇簇白花。(B) 單花。(C) 一簇果實 (梨果〔pomes〕)。

A
B
C

梭羅樹
Reevesia thyrsoidea Lindl.

梭羅樹 (*Reevesia thyrsoidea*；Reevesia；錦葵科)[213]是常見的常綠樹種，原產於華南，葉子聚生於枝條末端。花很小，有五片平展的白色花瓣，聚集成圓形的大型花序。每朵花的雄蕊融合成近似球形的團塊，生在「雌雄蕊柄」(androgynophore；花托的管狀延伸) 的頂端，所以梭羅樹與同科的假蘋婆 (*Sterculia lanceolata,* 詳見) 相似。雄蕊融合，花粉囊不規則地排列在球形團塊外。心皮位於融合的雄蕊群中，並且生在雌雄蕊柄上。

梭羅樹的花主要由蝴蝶授粉，但日行的天蛾和夜行的飛蛾也會前來[61]。昆蟲用吻管探入花中採集花蜜，過程中會刷到花粉囊，並把花粉傳遞到柱頭之上。成熟時，心皮會發育成乾燥的五角形蒴果。果實裂開後會釋放出種子。種子一端有一片翅膀，隨風飄散。

本種和本屬植物在1827年由約翰・林德利 (John Lindley)[323]按照約翰・李維斯 (JohnReeves；1774-1856)在中國南部收集的標本作首次記載。李維斯是熱心的業餘博物學家，從1812年到1831年在廣州從事茶葉監督 (tea inspector)[324]。除了首次收集到的梭羅樹，李維斯還負責收集大量動植物標本和自然歷史畫，收集所得目前在都保存在倫敦自然歷史博物館 (Natural History Museum in London)。

圖86. 梭羅樹 (*Reevesia thyrsoidea*)。(A) 花枝：白花組成大型花序，中央特有「雌雄器柄」(androgynophore)。(B-D) 蒴果。(E) 有翼的種子。

石斑木
Rhaphiolepis indica (L.) Lindl.ex Ker
(= *Crataegus indica* L.)

—— ೞ ——

石斑木 (又稱車輪梅、春花；*Rhaphiolepis indica*；Hong Kong hawthorn；薔薇科)[196]是灌木狀物種　(很少生長成小樹，高度約為4米)，在灌木叢、草地和早期次生林中很常見，尤其是在溪流附近[1]。石斑木需要日照，其種子通常由鳥類傳播，因此特別適應在開闊的生境中拓殖。石斑木遍佈香港的山坡，因為這種樹木在火災後的再生能力很高[325]。山火在香港非常普遍，傳統掃墓儀式加上乾燥天氣特別容易引發山火。據估計，每年大約有300宗山火，香港郊野公園內有逾一半土地每十年便會遭到燒毀一次[326]。

石斑木的花和本書收錄的其他薔薇科植物　(枇杷〔*Eriobotrya japonica*, 詳見〕、閩粵石楠〔*Photinia benthamiana*, 詳見〕和豆梨〔*Pyrus calleryana*, 詳見〕) 相似，有五塊融合的萼片和五塊粉白色花瓣 (5至7 × 4至5毫米)，兩輪花瓣都附在稱為「花托筒」的花托延伸部分[196]。花兩性，有十五枚雄蕊和一枚兩至三室的雌蕊。花帶有香味，能吸引東方蜜蜂 (*Apis cerana*)、蛺蝶 (nymphalid)、鳳蝶 (papilionid) 和粉蝶 (pierid) 等多種昆蟲。

正如本書所描述的其他薔薇科物種一樣，石斑木的果實是細小的梨果 (pomes)，果肉從花托筒長出，而非子房壁。果肉含豐富糖分，有大量葡萄糖和中量果糖，但不含蔗糖[63]。石斑木果實是典型供鳥類食用的水果，因為鳥類通常沒有分解蔗糖所需的蔗糖酶[62,63]。但亦有記載指靈貓科會散播種子[63]。

圖87. 石斑木 (*Rhaphiolepis indica*)。(A) 花枝：花簇。(B, C) 花朵有粉白色花瓣。(D) 果枝：一簇簇呈紫藍色的小梨果。

A
B
C
D

紅花荷
Rhodoleia championii Hook.

紅花荷 (又稱紅苞木、吊鐘王；*Rhodoleia championii*；Rhodoleia；金縷梅科)[200]花序細小下垂，雖然外觀似單花，但實際上是個由五至八朵高度縮少的花組成的花簇。花序由多塊萼片狀的總苞片 (involucral bracts) 包圍，每朵花兩邊對稱，有一枚發育不存的花萼和一個明顯的花冠。花冠由一至四塊花瓣組成 (有時不帶花瓣)，在花的背面朝花序外生長。

紅花荷與金縷梅科的大多數物種不同，金縷梅的單性花細小而不明顯，但紅花荷的兩性花色彩鮮豔。紅花荷主要由鳥類授粉，本地有充分的記錄顯示，暗綠繡眼鳥 (*Zosterops japonica*) 和叉尾太陽鳥 (*Aethopyga christinae*) 都會訪花[61,327]。花有著大量和鳥類授粉有關的典型特徵，例如帶有紅色色素、不帶氣味、產生大量花蜜，加上花的結構堅固，可承受鳥類猛力探花[327]。種子有翅膀，可隨風飄散。

紅花荷在1849年由杉彼安 (J. G. Champion) 首次收集，他是一位英國陸軍上尉和熱心的自然學家，在1847年至1850年間於香港收集了大量植物。杉彼安在香港仔 (Little Hong Kong) 附近山坡的森林裡發現紅花荷，該處靠近黃竹坑，在20世紀70年代興建香港仔隧道過程中受到破壞。邱園園長威廉•傑克遜•胡克 (William J. Hooker) 於1850年將該物種命名為「Champion[328]」。紅花荷現在受到香港政府《林區及郊區條例》下的《林務規例》保護[9,8]。

圖88. 紅花荷 (*Rhodoleia championii*)。(A)花枝：花序狀似單花。(B) 大花瓣。(C) 雄蕊。(D) 雌蕊由兩塊融合的心皮組成，花有兩條花柱。(E) 果實簇 (果序)。

E
B
A
C
D

鹽膚木
Rhus chinensis Mill.

—— ⁓ ——

鹽膚木 (*Rhus chinensis*；Sumac；漆樹科)[329]常見於灌木叢和森林邊緣。葉片為基數羽狀複葉，有七至十三片小葉，小葉之間的葉軸 (即葉的中心軸) 上有非常明顯的側翼。葉子通常有由五倍子蚜 (*Schlechtendalia chinensis*) 產生的蟲癭[330,331]。

鹽膚木汁液含過敏原，能引起皮膚炎[332]。然而，鹽膚木與其他有毒植物一樣，都具有相當重要的藥用價值，鹽膚木的葉子、根部、莖部、樹皮和果實已證實具有各種抗病毒、抗菌和抗癌作用[332,333]。五倍子蚜產生的蟲癭也得到廣泛應用，是藥物「五倍子」(*Galla chinensis*) 的成份來源：人們會用袋子把五倍子蚜和鹽膚木葉子套在一起，促進形成蟲癭，然後在蟲癭裂開之前收割，再把蟲癭浸入沸水殺死裡面的五倍子蚜，最後把蟲癭風乾[332]。

鹽膚木花朵細小 (白色花瓣約2毫米長)，但會聚集形成達20至30厘米長的大型花序[329]。單花兩性或單性，單性花會在同一棵樹 (雌雄同體) 或在不同的樹上 (雌雄異體) 生長[157]，並由蜜蜂授粉[52]。

花朵受精後會發育成乾燥的單籽小果實。果皮呈紅色，上面佈滿短毛[329]。果實由鳥類食用，鳥類會負責傳播種子[40,334]。

圖89. 鹽膚木 (*Rhus chinensis*)。(A) 花枝：小葉之間的葉軸有明顯的側翼。(B) 花序。(C) 單花。(D) 果序。

A
B
C
D

山烏桕

Sapium discolor (Champ. ex Benth.) Müll. Arg.

(= Stillingia discolor Champ. ex Benth.; *Triadica cochinchinensis* Lour.)

山烏桕 (*Sapium discolor*；Mountain tallow；大戟科)[77]是容易辨識的樹種，幼葉帶有紅色色素並一直維持到成熟期，特別是沿中脈和葉緣。這種特徵相信是種小名「*discolor*」的來源，意思是「不同顏色」。山烏桕和大戟科的其他物種一樣(例如石栗〔*Aleurites moluccana,* 詳見〕、黃桐〔*Endospermum chinense,* 詳見〕、血桐〔*Macaranga tanarius,* 詳見〕、白楸〔*Mallotus paniculatus,* 詳見〕和木油桐〔*Vernicia montana,* 詳見〕)，葉片基部有一對花外蜜腺，會分泌含糖汁液，誘使螞蟻群落前來，從而驅趕食草動物[49]。

山烏桕是在次生林中非常常見[1]的先鋒物種，亦是生態演替的早期階段的優勢種[2]。山烏桕對日照要求很高，所以最終會由更耐蔭的物種取代[316]。

山烏桕的花單性，花小而不帶花瓣，另有三塊非常細小的萼片：雄花有兩至三枚雄蕊；雌花則有一枚融合雌蕊和三條柱頭。花朵聚集成長4至9厘米的總狀花序。花序基部有幾朵單生雌花，上面則有許多雄花[77]。訪花物種主要是東方蜜蜂 (*Apis cerana*)，但黃蜂也會來訪[61]。

山烏桕是落葉植物，香港的山烏桕在十二月至三月期間無葉；葉子變紅後會脫落，結出成熟的果實，這種現象可能是一種吸引食果動物的視覺提示[2]。果實脂肪含量很高　(果實乾燥時佔重量70%)[2]，為多種食果鳥類提供良好的能量來源[40,62]。

本種的命名具有爭議，有些作者認為「*Sapium discolor*」這個名字是「*Triadica cochinchinensis*」的「同物異名 (synonym)[335]」。我們採用「*Sapium discolor*」這個名字，這和《香港植物誌》 (*Flora of Hong Kong*) 的做法保持一致[77]。

圖90. 山烏桕 (*Sapium discolor*)。(A) 花枝：高度收縮的花組成拉長的花序。(B) 受精後的雌花簇。(C) 未成熟和成熟 (開裂) 的果實。

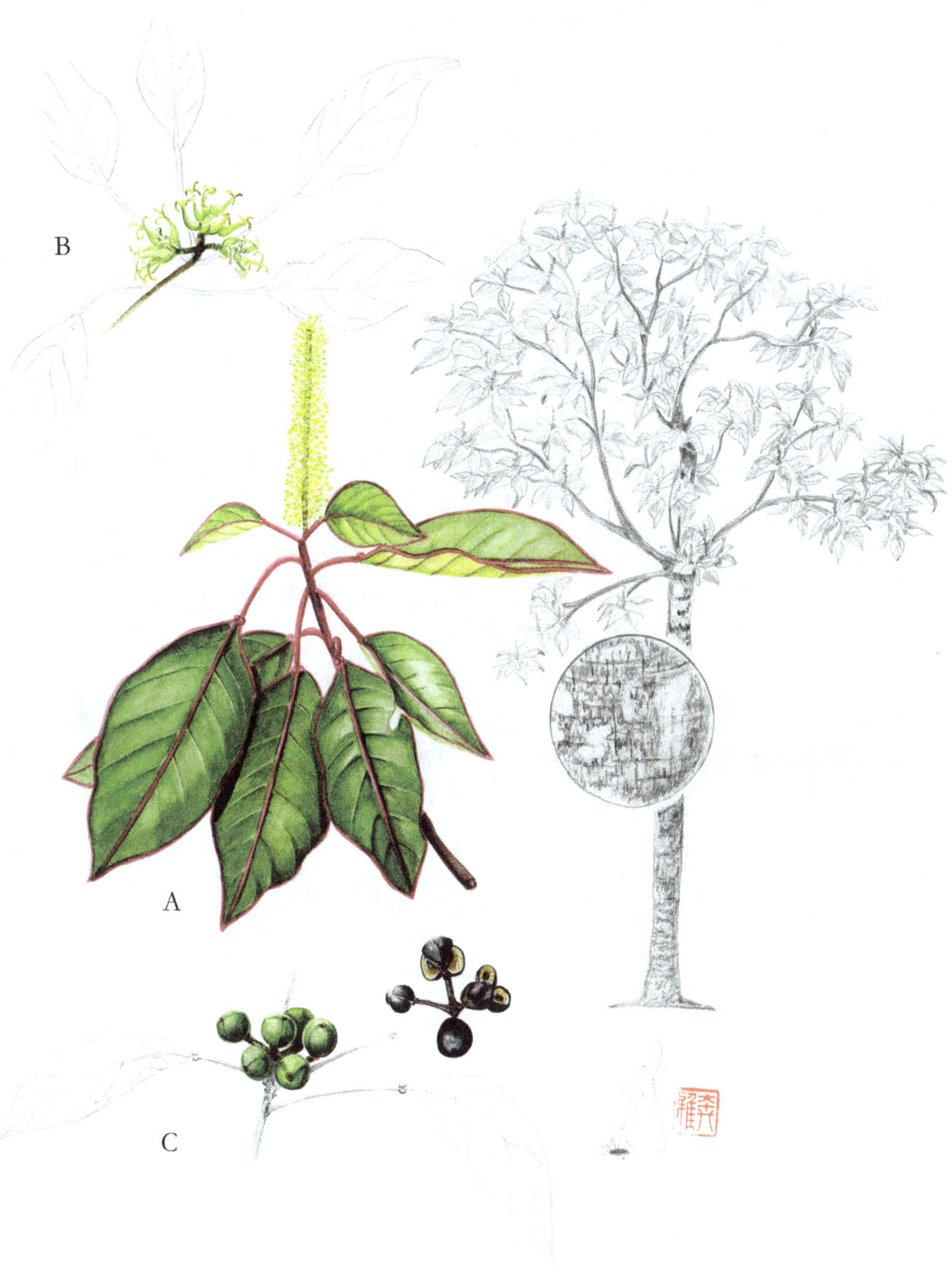

B
A
C

水東哥

Saurauia tristyla DC.

——ↄﬞ——

水東哥 (又稱米花樹；*Saurauia tristyla*；Saurauia；獼猴桃科)[336]是本地小型樹種 (可達約5米高)，一般會沿著溪流生長。花會在分枝花序中生長，亦有五枚小萼片 (3至4毫米長) 和五塊粉白色花瓣 (約8毫米長)，向外伸展至頂端。花兩性，許多雄蕊依附在花瓣基部，另有一塊帶三至五室的融合心皮，室內有許多胚珠[336]。雖然水東哥的種小名「*tristyla*」意思是花有三條花柱 (亦即是有三個柱頭)，但實際上水東哥的花有時會有三至四條 (五條較罕見) 花柱。

根據水東哥屬 (*Saurauia*) 其他物種的研究，花朵是由蜜蜂授粉[337,338,339]。雖然水東哥花是兩性花，但是水東哥屬有很多物種都表現出一定程度的兩性異形 (sexual dimorphism)，促進異花授粉和種子的基因混合。在兩性異形的物種中，某些樹木會長有功能上雙性的花，還有一些花是功能上雄性 (花有具備功能的雄蕊和不孕的宿存心皮)。這種罕見的現象被稱為「雄全異株」(androdioecy)[338]。其他研究顯示，有些雄全異株的物種可能有功能不同的雄花和雌花，雙性結構的花會產生不孕花粉；不孕花粉可用於獎勵採集花粉的蜜蜂，否則蜜蜂不會受到雌花吸引[339]。

水東哥的果實細小的漿果 (直徑6-10毫米)，呈乳白色，內有肉質果肉。雖然香港沒有水東哥的具體研究，但泰國有研究顯示，鵯 (bulbuls)、長臂猿和獼猴會食用漿果，所以是有效的種子傳播者[270]。

圖**91.** 水東哥 (*Saurauia tristyla*)。(A) 花枝上有多花的花序。(B) 單花有五塊下彎的粉紅色花瓣。(C) 乳白色漿果呈球狀。

A
B
C

鴨腳木

Schefflera heptaphylla (L.) Frodin
(= *Schefflera octophylla* (Lour.) Harms)

—— ✍ ——

鴨腳木 (又稱鵝掌柴；*Schefflera heptaphylla*；Ivy tree, Goosefoot tree或 Duckfoot tree；五加科)[340] 遍佈東亞地區，是香港次生林中最常見的樹木之一。鴨腳木有獨特的掌狀複葉，因此易於識別，複葉由五至十片小葉組成，小葉數量多變，以致過去曾經用上互相矛盾的拉丁文種小名「*heptaphylla*」(七葉) 和「*octophylla*」(十葉)。

鴨腳木的花芳香，能產生大量花蜜，吸引各種蜜蜂、黃蜂、蒼蠅和蝴蝶訪問[61,341]。雖然花非常小 (直徑約5毫米)，但小花會聚集成最長可達25厘米的大型花序。每棵樹通常有十至十五個花序，每個花序由多達三個等級的小花簇組成；據估計，每個花序由1,250至1,400朵花組成，因此鴨腳木每季都會開出數萬朵花[341]。花序及其形成的花簇會按順序成熟，因此大大延長了每棵樹的花期。單花兩性 (同時有雄蕊和心皮)，但是雄蕊會先熟，防止花內自花授粉，提高種子的遺傳多樣性[341]。

鴨腳木在冬季開花 (在香港通常是十一月到次年一月)，果實 (直徑3至4毫米的小漿果) 在二至三月成熟。花和果實在冬季形成，而冬季食物相對稀少，於是樹木會成為昆蟲 (食用花產生的花蜜[61,341])、鳥類和果蝠 (食用漿果[40,62,163]) 重要的食物來源，因此鴨腳木在生態上非常重要。

圖92. 鴨腳木 (*Schefflera heptaphylla*)。(A)花枝：獨特的掌狀複葉，大型複合花序則由許多小花組成。(B) 拉長花序內的小花簇。(C) 單花。(D) 雄蕊。(E) 果實。

木荷

Schima superba Gardner & Champ.

(= *Schima noronhae* auct. non Reinw. ex Blume)

—— ❧ ——

木荷 (又稱荷樹；*Schima superba*；Schima或Chinese guger tree；山茶科)[69]是香港很常見的樹種，亦見於風水林。據了解，木荷是香港的原生樹種，大嶼山竹篙灣一個6,000年前的考古遺跡亦發現了木荷種子[2]。現在木荷是本地植林最廣泛種植的原生樹種之一，在過去的半個世紀裡已成功在已有的松樹植林裡種植[25]。

喬治・加德納 (George Gardner) 於1849年首次對木荷作描述，標本由英國陸軍上尉、熱心的植物學家杉彼安 (J. G. Champion) 在香港島的「Wingnychery」(即黃泥涌) 收集[342]。加德納採用「superba」這個種小名，以讚揚樹木的花朵在六月至八月間盛開的難忘景象。

花兩性，有五塊小萼片、五塊明顯的白色花瓣 (1至1.5厘米長)、很多黃色雄蕊，以及一枚由五塊心皮融合而成的雌蕊。花朵香氣濃郁，主要由東方蜜蜂 (*Apis cerana*) 和粉蝶 (pierid) 授粉，儘管黃蜂、鳳蝶 (papilionid)、蛺蝶 (nymphalid) 蝴蝶和天蛾 (sphingid) 也會訪花[61]。

花朵會發育成木質「蒴果」(直徑1至1.5厘米)，頂部分裂成五等分，然後釋放種子。種子有狹長的翅膀，有助種子隨風飄散[103,163]。松鼠經常受到木荷果實吸引，但是松鼠可能是種子掠食動物 (seed predators)，而非種子傳播動物 (seed dispersers)，因為曾有觀察發現松鼠會破開未成熟的蒴果來吃種子[2]。

圖93. 木荷 (*Schima superba*)。(A) 花枝：明顯的白花綻放。(B) 去除花瓣後的花。(C) 複合雌蕊。(D) 蒴果和帶翅膀的種子。

A
B
C
D

刺柊

Scolopia chinensis (Lour.) Clos

(= *Phoberos chinensis* Lour.; *Scolopia crenata* auct. non Clos)

—— ✄ ——

刺柊 (*Scolopia chinensis*；Chinese Scolopia；楊柳科)[219] 是常見於風水林和沿海次生林的本地原生樹種[1]。雖然刺柊並非「真正」的紅樹林物種，但刺柊物種通常被認為是「紅樹林伴生植物 (mangrove associates)」，並可能具備抵禦鹽水週期性淹沒的能力。刺柊的樹幹和樹枝特有粗壯的刺，葉子呈橢圓形，葉柄靠近葉子的對側有一對腺體。

花兩性，有四至六塊小萼片 (1至2毫米長)，淡黃色花瓣稍長，數目和小萼片相同。每朵花有許多長長而頂端帶毛的雄蕊，延伸到帶有花粉的花藥之外。花有一枚單室雌蕊，周圍有一塊十裂的肉質腺盤[219]。

果實是圓形的紅色漿果 (直徑約4毫米)，花柱的殘餘部分會保留在先端。雖然刺柊種子傳播方面的資訊闕如，但近親種廣東刺柊 (*Scolopia saeva*) 長有的漿果和刺柊果實非常相似，而前者已知在香港會由鳥類傳播。

刺柊被視作楊柳科成員。楊柳科物種以往只包括楊樹 (*Populus*) 和柳樹 (*Salix*)，兩者的特點在於風媒柔荑花序由高度收縮的單性花組成。然而，最近的分子親緣關係學研究發現我們需要對這種分類法作根本性的重新評估，因為楊樹和柳樹的譜系已經證實是大風子科 (Flacourtiaceae) 的一部分[221]。楊柳科 (Salicaceae) 這個名字已經被用於修訂範圍之內的植物，因此香港所有的大風子科植物 (包括天料木〔*Homalium cochinchinense*, 詳見〕) 已轉為歸入範圍大幅擴充的楊柳科[12]。

圖**94.** 刺柊 (*Scolopia chinensis*)。(A) 花枝：雄蕊花拉長。(B) 單花有四塊萼片和四塊花瓣。(C) 果枝上有紅色漿果和宿存柱頭。(D) 枝條有粗壯的刺。(E)葉基：葉柄對面有成對的腺體。

A
B
C
D
E

革葉鐵欖

Sinosideroxylon wightianum (Hook. & Arn.) Aubrév.

(= Sideroxylon wightianum Hook. & Arn.)

革葉鐵欖 （又稱鐵欖；*Sinosideroxylon wightianum*；Iron olive或Wight's Sinosideroxylon；山欖科）[343] 是一種小型喬木 (生長至約8米高)，常見於本地的灌木叢、次生林和風水林[1]。革葉鐵欖與山欖科家族的大多數物種一樣，枝條和小枝 (twigs) 受損後會滲出白色乳汁[344]，保護植物免受微生物感染。一些山欖科物種的乳汁具有重要經濟價值：東南亞物種膠木 (*Palaquium gutta*) 是膠木膠 (Gutta-percha) 的來源。膠木膠是一種非彈性聚合物，加熱後會變成塑料，冷卻後便能保持其形狀[345]；而新熱帶物種 (Neotropical species) 人心果 (*Manilkara zapota*) 以前是「Chicle」樹膠的來源，早期用於製作香口膠的彈性成分[346]。

革葉鐵欖的花單生或每兩至五朵簇生。花一般是「五數花」，有五塊 (很少是六個) 小萼片 (約2.5毫米長) 和數目相同的綠白色融合花瓣 (6至8毫米長)。花瓣基部融合形成一條花冠管[343]。每塊花瓣裂片的前端在單個雄蕊之上向內彎曲。雄蕊基部與花冠筒融合，並突出至花瓣頂部之外。五枚雄蕊由不孕雄蕊 (退化雄蕊) 分隔開，退化雄蕊扁平呈花瓣狀 (但比起花瓣小得多)。

果實是單種子的肉質深紫色漿果 (10至18毫米 × 5至8毫米)。雖然少有資料提及進食革葉鐵欖果實的動物和種子傳播方式，但山欖科物種的肉質果實通常由靈長類動物傳播，種子不是被牠們吐出，便是從牠們的腸道完整地排出[344]。毛里裘斯有一種與革葉鐵欖關係密切的植物 (鐵欖屬〔*Sideroxylon*〕植物，革葉鐵欖屬〔*Sinosideroxylon*〕一般會歸入該屬)，曾被認為必須由渡渡鳥 (*Raphus cucullatus*) 傳播，種子要經渡渡鳥的胃部磨損後才能發芽[347]。雖然這套說法可以解釋為何天然幼苗數量在1681年渡渡鳥絕種後明顯減少，但後來亦遭到推翻：現在有證據顯示，許多樹木的年齡都小於300年，而且種子很可能是由陸龜散播[348]。

圖95. 革葉鐵欖 (*Sideroxylon wightianum*)。(A) 花枝長有綠白色小花。(B) 單花有五塊向內彎曲的花瓣，包圍著五枚突出雄蕊的一部分。(C) 一簇深紫色漿果。

A
B
C

猴歡喜

Sloanea sinensis (Hance) Hemsl.

(=*Echinocarpus sinensis* Hance; *Sloanea hongkongensis* Hemsl.)

—— ∽ ——

猴歡喜 (又稱香港猴歡喜；*Sloanea sinensis*；杜英科)[187]是一種大型原生樹種 (可生長至約20米高)，常見於本地的次生林[1]。花在小型腋生花序裡生長。由於花梗通常角度明顯，所以每朵花都會朝向下方。每朵花有四塊卵形萼片 (6至8毫米長) 和四塊黃白色花瓣 (7至9毫米長)，前端有不規則的裂片。花雙性，有一塊扁平的腺體盤，六十至八十枚雄蕊會從中長出，並環繞複合雌蕊的基部[349]。

雖然猴歡喜與中華杜英是同科植物，但是果實形態明顯不同：中華杜英會結出肉質的「核果」(drupes)，而猴歡喜則會形成乾燥而開裂的「蒴果」(capsules)，果實上亦會有10至15毫米長的硬毛。猴歡喜的蒴果會分成三至七個不同的部分，成熟時內部呈紫色，每部分露出最多四顆有光澤的黑色種子 (10至13毫米長)。每顆種子的上半部分有一塊黃色的肉質「假種皮」，這種特徵明顯是吸引和/或獎勵潛在種子傳播者的一種方法。雖然缺乏食果動物和種子傳播模式方面的資料，但有大量關於同屬其他物種的文獻顯示，鳥類[270,350]和靈長類動物會傳播種子[68]。

1944年7月，有人在新加坡發現了一枚開裂的猴歡喜蒴果，裡面的種子色彩鮮豔，並帶有假種皮，是次發現驅使居於當地的植物學家科納 (E. J. H. Corner；1906-96) 對果實的演化作出推測。他提出了結論，認為這種複雜的假種皮不可能是由多個不同科的植物獨立演化而成，並提出了「榴槤理論」，認為開裂的果實和帶假種皮的種子是原始的有花植物特徵[351]。儘管科納的理論未能通過後來的科學驗證，而且當代的親緣關係學重組亦未能支持他的觀點，但這套理論影響深遠，預示了植物和動物共同演化的當代觀點。

圖96. 猴歡喜 (*Sloanea chinensis*)。(A) 花枝和單花。(B) 成熟的果實有堅硬的剛毛。(C) 果囊打開，顯示紫色的內部。(D) 帶有光澤的黑色種子。

假蘋婆
Sterculia lanceolata Cav.

—— ✂ ——

假蘋婆 (又稱七姐果；*Sterculia lanceolata*；Lance-leaved Sterculia或Scarlet Sterculia；錦葵科)[213]常見於低地森林，特別是在溪流附近。假蘋婆與許多本地樹木一樣，葉子的生長具備季節性，樹木每年都會褪去老葉，並長出新葉取代；但假蘋婆「換葉」的時間比其他物種要遲得多，當其他物種在夏季中期長出嫩葉時，假蘋婆一般都沒有樹葉[2]。有人認為香港位處於假蘋婆生長範圍的北緯極限，加上葉子的形成和開花結果僅發生在香港最熱和最潮濕的月份，而這些環境條件和假蘋婆其他生長地區的熱帶條件最為相似[2]。

花很小 (直徑約1厘米)，但花序明顯。萼片基部融合形成筒狀，呈粉紅色，外觀似花瓣，但花不帶真正的花瓣。花單性，兩種性別的花都生在同一棵樹上。雄花雄蕊融合形成一條柱子，含有花粉的花藥聚集成一個頂生的球形簇 (即「雌雄蕊柄」)[213]。雌花有五塊心皮，周圍有一圈不孕雄蕊，因此雌花在結構上屬於兩性，但實際上只具備雌性功能。

果實由五枚帶有光澤的赤紅色革質「蓇葖果」組成，蓇葖果發育自不融合的心皮。成熟時蓇葖果裂開，露出顯眼而帶有光澤的黑色種子供鳥類食用和散佈[62]。假蘋婆種子異於大多數由動物所傳播的種子，獎勵動物的食物是種子，而非果實本身。種皮明顯分成三層：外層是纖薄的黑色素外層；中間是薄薄的白色漿狀層，雖然體積細小，但估計對鳥類有營養價值；內層堅韌，用作保護種子內的胚胎[68]。

圖97. 假蘋婆 (*Sterculia lanceolata*)。(A) 花枝。(B) 花有花瓣狀萼片。(C) 經解剖的花。(D, E) 果實 (未成熟的果實呈綠色，成熟時會打開，並呈猩紅色)，帶有突出而具光澤的黑色種子。

A
B
C
D
E

栓葉安息香
Styrax suberifolius Hook. & Arn.

栓葉安息香 (又稱紅皮；*Styrax suberifolius*；Cork-leaved snow-bell；安息香科)[352]是一種美觀的觀賞樹木，有下垂的花簇。花兩性，有一枚由五塊萼片融合而成的杯狀花萼，以及一個由五塊白色花瓣 (長12毫米) 組成的花冠，花瓣基部融合。花有八至十枚雄蕊 (圖98 C)，雄蕊的花藥外觀顯著，呈黃色，並帶有花粉，雌蕊則由三塊心皮融合而成 (圖98 D)。東方蜜蜂 (*Apis cerana*) 和木蜂 (*Xylocopa*) 都會訪花[61]，兩者都是有效的傳粉動物。

葉子非常獨特，綠色的葉面和棕色的葉底呈強烈對比。葉底滿佈星狀的棕色絨毛，葉子外觀呈「軟木栓」狀，所以種小名「*suberifolius*」和英文名稱「cork-leaved snow-bell」的意思是「栓葉」。

栓葉安息香常見於香港的次生林，而其他本地的安息香屬〔*Styrax*〕物種 (賽山梅〔*Styrax confusus*〕和芬芳安息香〔*Styrax odoratissimus*〕) 則稀少得多[1]。這種差異可能是源自果實結構的分別：所有的安息香屬物種都有碩大乾燥的果實，沒有任何外部肉質層，然而香港三個物種中只有栓葉安息香的果實能打開並釋放種子[352]。而兩個較少見的物種可能是由齧齒動物以分散囤積的方式散佈[2]，齧齒動物收集乾燥的果實和種子加以收藏，以供日後食用；未被食用的種子便會成功發芽。然而，透過分散囤積自然散佈種子的齧齒動物已經在香港滅絕[2]。因此年輕次生林內依靠分散囤積機制散佈種子的樹木難免會較為罕見，這些樹木一般只在較年長和較成熟的森林生長，於是可以假設由於栓葉安息香的果實可以釋放種子，擺脫並替代了「分散囤積」的傳播機制 (但相關知識仍然有限)。

圖98. 栓葉安息香 (*Styrax suberifolius*)。(A) 花枝：花朵的黃色花藥外觀顯著。(B) 花。(C) 雄蕊。(D) 心皮。(E) 果枝。(F) 打開的果實。

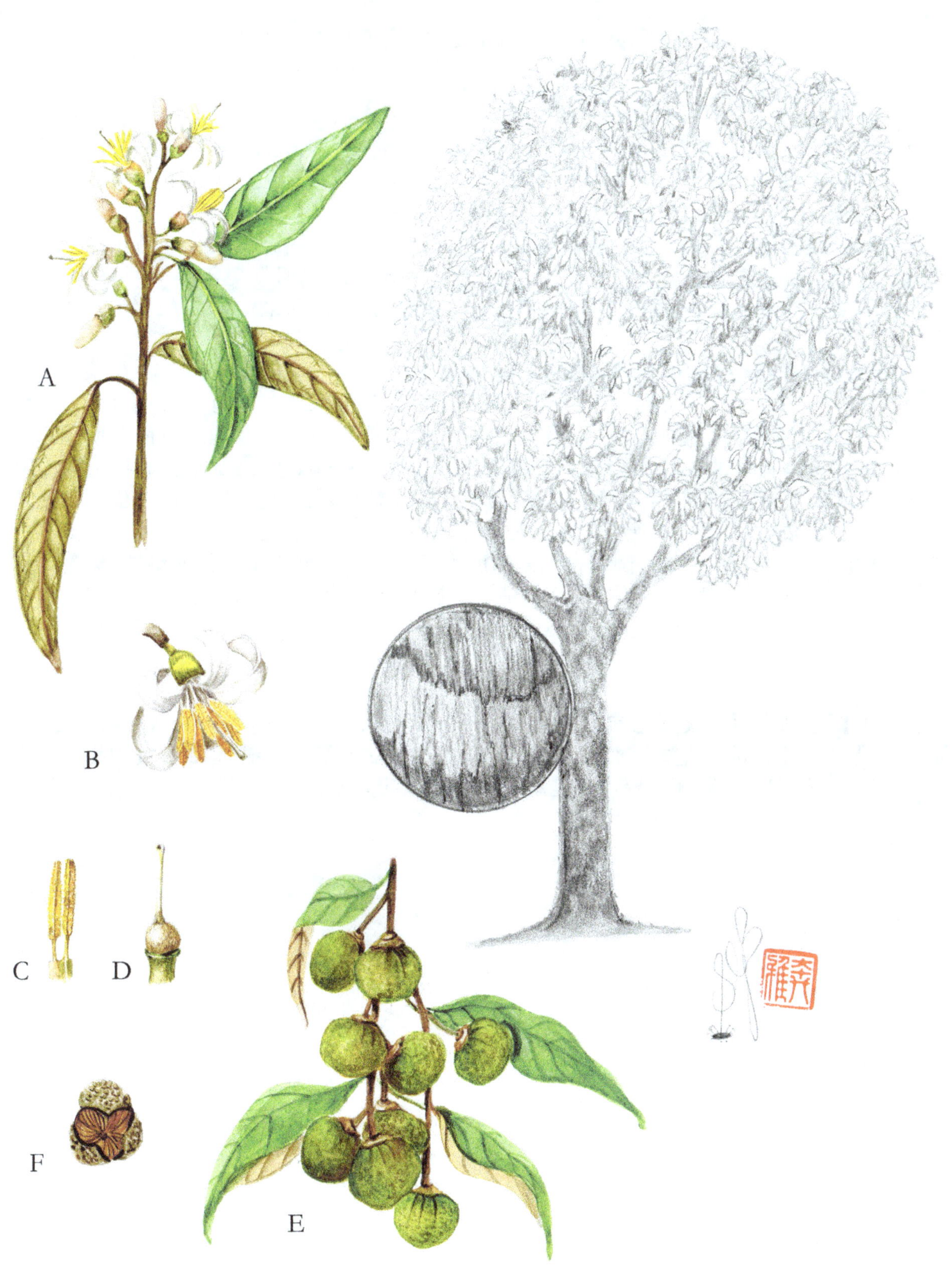

A
B
C
D
E
F

密花山礬

Symplocos congesta Benth.

—— ∽ ——

密花山礬 (*Symplocos congesta*；Dense-flowered sweet-leaf或Congested Symplocos；山礬科)[353]所屬的山礬屬 (*Symplocos*) 規模較大，物種數目約為300種，遍佈熱帶和亞熱帶森林。根據記錄，香港有十四個山礬屬物種：密花山礬很容易和其他物種區分起來，因為密花山礬的花有一條非常短的花梗，而且花朵會緊密聚集成簇 (種小名「*congesta*」和英文名稱「Dense-flowered sweet-leaf」及「Congested Symplocos」亦因此而來)。

密花山礬花朵細小，為兩性花，有五塊白色花瓣，基部互相結合。花朵最多有50枚雄蕊，彼此融合成簇，並與花瓣的基部融合。花有一枚複合雌蕊，由三塊心皮融合而成[353]。雖然密花山礬在授粉生態方面的資料尚未明確，但據稱本地的其他物種主要由蜜蜂授粉，而蒼蠅、蝴蝶、飛蛾和甲蟲等其他昆蟲群體亦會訪花[61]。儘管山礬屬物種遍佈熱帶和亞熱帶地區，但相關的繁殖生物學知識仍然少得令人驚訝。南美許多物種已證實會出現「隱性雌雄同體」的現象，個體會開著形態上雙性的花，但花朵只具備雄性 (有不孕心皮) 或雌性 (有不孕雄蕊) 功能，以防止自我受精[354]。最近台灣亦發現有一個物種出現類似機制[355]，但到目前為止香港尚未有對這些物種進行研究。

果實是細小而呈紫藍色的「核果」，核果狀似漿果，種子周圍有堅硬的內果壁。目前尚未觀察到密花山礬種子如何散播，但按照推斷鳥類會食用果實[62]。果肉含豐富葡萄糖，亦是鳥類散播物種的典型特徵[63]。

圖99. 密花山礬 (*Symplocos congesta*)。(A) 花枝：密集的小白花簇。(B, C) 紫藍色的果實。

蒲桃

Syzygium jambos (L.) Alston

(= *Eugenia jambos* L.)

蒲桃 (*Syzygium jambos*；Rose apple；桃金孃科)[254]原生於東南亞熱帶地區，但在1860年引入香港[241]，原因可能是蒲桃果實是可供食用的水果[356]。蒲桃通常生長在村莊附近的風水林裡，現在香港的蒲桃已完全歸化，亦有自我更替良好的種群[357]。

花朵直徑為3至4厘米，乳白色花瓣顯眼，長1.5厘米[254]。萼片和花瓣基部融合，形成一個稱為「托杯」(hypanthium) 的結構，並且環繞著融合的子房 (即心皮的基部)，從而保護胚珠。每朵花均為兩性，有許多長長的雄蕊 (2至2.8厘米)，花柱長度相若。各種鳥類和蝙蝠都會為花朵授粉，並以花蜜為食[51]。

蒲桃果實碩大 (直徑達5厘米)，帶有肉質，表皮呈黃綠色，有時呈粉紅色。蝙蝠會進食蒲桃果實，據觀察所得，蝙蝠會先把果實帶到離開果樹不超過40米的地方作處理，再進食果實[51]。香港的蒲桃似乎主要靠蝙蝠散佈，種子體積很大 (直徑約18毫米)，蝙蝠難以吞食，因此常把種子棄於取食處下面[51]。樹木的生長地點通常限於靠近河流的地區，但是目前仍未清楚蝙蝠的飛行模式會否限制幼苗生長[110]。

圖100. 蒲桃 (*Syzygium jambos*)。(A)花枝。(B) 單花：花萼。(C) 果實。

A
B
C

楝葉吳茱萸

Tetradium glabrifolium (Champ. ex Benth.) T. G. Hartley

(= *Euodia meliifolia* (Hance ex Walp.) Benth., as *'meliaefolia'*)

——— ❧ ———

楝葉吳茱萸 (*Tetradium glabrifolium*；Melia-leaved Evodia；芸香科)[60]常見於本地樹林邊緣和受干擾地帶 (disturbed sites)。楝葉吳茱萸以前和另一本地物種蜜茱萸一同被歸入吳茱萸屬 (*Euodia*；經常錯誤拼作「Evodia」)，後來蜜茱萸的種名改為「*Melicope pteleifolia*」。這兩種植物都很相似，但透過葉子形狀 (兩者都有分裂葉子，但蜜茱萸每片葉子最多有三塊小葉，而楝葉吳茱萸最多有十一塊) 和花的性別 (蜜茱萸長有兩性花，楝葉吳茱萸長有單性花) 便可以容易分辨兩者[60,358]。

楝葉吳茱萸花序大型，但花非常細小，白色花瓣 (約3毫米長) 並不顯眼。花器以四輪或五輪排列：雖然屬名「*Tetradium*」意思是「四輪排列」，但花的器官較常以五輪排列。花在功能上屬於單性，從而避免花內自交；由於雄花仍有殘存的不孕心皮 (退化雌蕊)，而雌花亦有相應的不孕雄蕊 (退化雄蕊)，所以花朵單性的演化特徵明顯是源自帶有兩性花的祖先。

花主要由東方蜜蜂 (*Apis cerana*) 授粉，但黃蜂、蝴蝶和甲蟲等其他昆蟲群體亦會前來[61]。花受精後，心皮會發育成細小而乾燥的蓇葖果 (直徑約5毫米)，內有一顆種子。蓇葖果沿上面的邊緣裂開，露出種子 (圖102)。雖然花的每塊心皮都有兩顆胚珠，但只有一顆胚珠會在蓇葖果裡發育成種子[358]。楝葉吳茱萸的種子會附著在蓇葖果壁上，並由鳥類傳播[157,350]；楝葉吳茱萸的這種特徵有別於關係密切的本地物種蜜茱萸，因為蜜茱萸種子會從果實裡彈出來[68]。

圖101. 楝葉吳茱萸 (*Tetradium glabrifolium*) (果枝見圖102)。(A) 花枝：花序由細小的白花組成。(B) 單雄花有可孕雄蕊和不孕雌蕊。

A
B

圖**102.** 楝葉吳茱萸 (*Tetradium glabrifolium*) (花枝見圖101)。(A) 果枝：簇生果實。(B) 未打開的蓇葖果。(C) 打開的蓇葖果，每個蓇葖果都會露出一顆種子。

A
B
C

繖楊

Thespesia populnea (L.) Sol. ex Corr.

繖楊 (又稱恒春黃槿；*Thespesia populnea*；Portia tree；錦葵科)[215]遍佈熱帶沿海地區，但在香港較不常見。自然學家丹尼爾・索蘭德 (Daniel Solander) 在庫克船長 (Captain Cook) 乘坐奮進號 (*H. M. S. Endeavour*) 環遊世界期間　(1768-71)，首次在南太平洋的大溪地採集到繖楊。肖槿屬的拉丁屬名「*Thespesia*」是由索蘭德所創，源自希臘語的神聖一詞，因為大溪地人認為繖楊是神聖樹木[74]。

繖楊在沙質土壤中生長良好，能夠承受海浪造成的高鹽度條件，然而即使繖楊非常適合種植在海灘後面作遮陽樹，但並沒有在香港廣泛種植。

繖楊有迷人的黃色花朵，外觀似黃槿花 (*Hibiscus tiliaceus*, 詳見)，雄蕊會融合成一條圓柱，圍繞著融合的心皮花柱。花的壽命較短，由於花青素會積累起來，花隨年齡增長會變成紫紅色[359]，然而尚未清楚顏色的轉變有否影響花對授粉者的吸引力。

果實基本上不開裂　(與黃槿明顯不同)，可經海水傳播：蒴果在海上漂浮數周後便會破裂，繼而釋放種子[68,155]。由於未成熟的子葉之間有空氣間隙，種子仍帶有浮力，據悉種子在海水中浸泡一年後仍能發芽，甚至儲存於攝氏零度以下的環境後也能發芽[68]。因此繖楊非常適應遠距離傳播，洋流經寒冷的南部水域把種子運送出去，相信亦是繖楊遍佈印度洋和太平洋的原因。

圖103.　繖楊　(*Thespesia populnea*)。(A)花枝：一朵年輕的黃花和一朵較老的紫紅色花。(B) 成熟無裂蒴果。(C) 較老的果實已開始解體，釋放種子。(D) 種子。

A
B
C
D

木蠟樹

Toxicodendron succedaneum (L.) O. Kuntze

(=*Rhus succedanea* L.)

—— ঙ্গ ——

木蠟樹 (又稱野漆樹；*Toxicodendron succedaneum*；Japanese lacquer tree或 Wax tree；漆樹科)[329] 是一種小型樹木，一般生長到5米高 (很少會長至12米)，普遍見於香港的灌木叢和早期次生林。大部分本地文獻都採用種名「*Rhus succedanea*」，然而，最近有親緣關係學的研究分析物種的基因序列資料，發現鹽膚木屬 (*Rhus*) 和漆樹屬 (*Toxicodendron*) 屬於兩個獨立的演化譜系，因此應該分作不同的植物屬來處理[360]；由於木蠟樹在漆樹屬譜系的嵌套程度已經非常高 (deeply nested)，所以學名應作「*Toxicodendron succedaneum*」。

植物屬名「*Toxicodendron*」的字面意思是「有毒的樹」，反映本屬物種具有毒性，漆樹屬 (*Toxicodendron*) 植物的例子包括木蠟樹[361]和以毒性見稱的毒漆藤 (*Toxicodendron radicans*)[362]。漆樹屬物種含有一種稱為「漆酚」 (urushiol) 的化學物質，可造成嚴重的皮膚刺激，形成大水泡；有趣的是，對漆樹屬樹汁敏感的人處理杧果 (*Mangifera indica*) 後會出現皮疹[363]，而杧果和木蠟樹都是漆樹科植物。

木蠟樹 (以及關係密切的物種漆樹〔*Toxicodendron vernicifluum*〕) 的汁液可製成含有漆酚的樹脂，在商業應用上很重要。經過長時間的氧化和聚合後，樹脂會形成一種堅硬耐用的漆 (lacquer)，在中國和日本都會用於製作工藝品，應用歷史已長達多個世紀[364]。

木蠟樹的大型花序由細小的黃綠色花朵 (直徑約2毫米) 組成，通常會吸引東方蜜蜂 (*Apis cerana*) 前來訪問[61]。果實是細小的「核果」(其堅韌的內果壁包圍著種子)，供鳥類食用和傳播[365]。核果顏色頗為暗淡，但果實的成熟期和年尾葉子的衰老期重疊，所以鮮紅色的衰老葉片似乎能吸引鳥類前往結有果實的樹木[2,62]。

圖104. 木蠟樹 (*Toxicodendron succedaneum*)。(A) 花枝：大型花序由黃綠色小花組成。(B) 果枝：果實成熟時，衰老的樹葉呈鮮紅色。(C) 尚未成熟的果實。

A
B
C

山黃麻

Trema tomentosa (Roxb.) Hara

(= Sponia velutina Planch.; *Trema amboinensis* (Willd.) Blume;
Trema orientalis auct. non (L.) Blume)

—— ❧ ——

山黃麻 (*Trema tomentosa*；*India-charcoal Trema*；大麻科)[150] 是一種中型樹木 (生長至約10米高)，遍佈東南亞地區，常見於香港的灌木叢和受干擾生境。山黃麻是一種先鋒樹種，幼苗非常不耐陰[316]；但在本地有造林潛力，因為山黃麻生長速度快，很快便能形成森林的樹冠，並迅速成熟，繼而產生吸引鳥類的果實。

山黃麻很多部分都有濃密的毛 (或「綿毛」〔tomentose〕)。有毛的地方包括幼枝和葉子；種小名「*tomentosa*」亦反映山黃麻的披毛狀況。花細小，單性，有五塊萼片，但無花瓣。花聚集形成花序 (2至4.5厘米長)，但花序只由一種性別的花組成[150]。具有功能的雄花有五枚雄蕊和一枚發育不全 (rudimentary) 的不孕心皮，而具有功能的雌花有一枚可孕心皮，但不帶退化雄蕊 (vestigal stamens)。授粉生態學的研究發現無刺蜂屬 (*Trigona*) 經常造訪婆羅洲山黃麻種群的花朵[337]。

山黃麻一直以來都被歸入榆科之中 (Ulmaceae)，但最近有親緣關係學研究比較了物種的基因序列，發現榆樹 (包括榆屬〔*Ulmus*〕及其近親，均有兩性花和乾果，並與山黃麻屬 (*Trema*) 及其近親 (均有單性花和肉質果) 分別形成獨立的演化譜系[366]。山黃麻屬及其近親的演化支因而轉移到大麻科 (Cannabaceae)[12]。大麻科以往只有大麻屬 (*Cannabis*；大麻植物是精神科藥物大麻的原料，而這種植物的麻纖維亦可用於製作繩索) 和葎草屬 (*Humulus*；包括釀造啤酒用的啤酒花〔hops〕) 物種。

圖105. 山黃麻 (*Trema tomentosa*)。(A) 花枝：不帶花瓣的小花組成花序。(B) 葉底。(C) 花。(D) 果枝。

山香圓

Turpinia montana (Blume) Kurz

(= *Turpinia cochinchinensis* auct. non (Lour.) Merr;
Turpinia nepalensis auct. non Wall. ex Wight & Arn.;
Turpinia pomifera auct. non DC.)

———— ∾ ————

山香圓 (*Turpinia montana*；Turpinia；省沽油科)[367]是一種灌木或小型林下樹木 (生長至約12米高)，常見於香港的次生林中[1]。山香圓長有複葉，複葉有三或五片 (七片較少見) 對生小葉 (leaflets)，另有一片頂生小葉；小葉邊緣呈鋸齒狀，齒紋明顯前指。

花細小，鬆散地排列在8至12厘米長的花序裡面。山香圓花是五數花 (有五輪器官)，有五塊小萼片 (約1.3毫米長)、五塊淡黃色花瓣 (約2毫米長)、與五枚花瓣交替排列的雄蕊，以及一枚三室的複合雌蕊[367]。果實是小型圓形漿果 (直徑4至7毫米)，內含三至四顆種子。

最近有研究利用基因序列資料重新分析省沽油科 (Staphyleaceae) 植物的演化關係[368]，得出幾項重大的發現：傳統上，省沽油科的三個屬 (即野鴉椿屬〔*Euscaphis*〕、省沽油屬〔*Staphylea*〕和山香圓屬〔*Turpinia*〕) 都很容易利用形態學特徵作區分，但分子資料發現省沽油屬和山香圓屬均由多於一個演化支發展而成，顯示以前用來劃分屬的形態學特徵很可能發生過重大的演化趨同：因此省沽油科最近的分類提出了*Dalrympelea*屬和省沽油屬兩個新屬[369]，山香圓亦可能歸入*Dalrympelea*屬。

省沽油科的親緣關係學分析亦帶來另一發現，山香圓屬在新世界的系譜或可能是由野鴉椿屬和山香圓的祖先雜交而成[368]。如果這項推斷屬實，雜交很可能是在中國 (野鴉椿屬和山香圓共存的地方) 發生，而雜交而成的演化支隨後傳播到新世界。

圖106. 山香圓 (*Turpinia montana*)。(A)花枝：花序由小花形成。(B) 單花：有五塊淡黃色花瓣，五枚雄蕊和一枚複合雌蕊。(C) 果枝有小漿果。

A
B
C

木油桐

Vernicia montana Lour.

(= Aleurites montana (Lour.) E. H. Wilson;
Aleurites cordata auct. non (Thunb.) R. Br. ex Steud.)

——— ✂ ———

木油桐 (*Vernicia montana*；Wood-oil tree；大戟科)[77] 及其近親油桐 (又稱三
年桐；*Vernicia fordii*；Tung-oil tree) 的種子油份豐富，常用作木材的清漆和
傳統油燈的燃料，因此得到廣泛栽培[370]。木油桐和油桐都是戰前香港政府
重新造林計劃中種植的樹木，但種植成效有限[25]。物種目前只有有限的商業
價值，但人們非常有興趣利用此種以開發生物柴油作燃料[371]。

木油桐與石栗 (*Aleurites moluccana*, 詳見) 關係密切，兩者分別在於木油桐的
花朵比石栗大得多，而且木油桐幼枝沒有星狀毛[372]。木油桐與大部分大戟
科 (Euphorbiaceae) 物種一樣，葉子在葉柄頂端有一對明顯的花外蜜腺[49]；
腺體為螞蟻提供甜美的蜜汁，螞蟻反過來又能保護植物免受食草動物侵
襲。在香港栽培的油桐屬樹木可以循腺體形狀作區分，木油桐的腺體有柄
(stalked)，而油桐則無柄 (sessile)[77]。

花朵發育成豔麗的大型花序。花單性，有些樹會有兩種性別的花 (即雌雄
同體)，有些只有一種性別的花 (即雌雄異體)。花有五塊白色花瓣 (2至3厘
米長)，基部有紫紅色條紋，小型腺體與花瓣交替排列。雄花有八至十枚雄
蕊，分成兩輪 (whorls；內輪雄蕊的基部融合)，而雌花有一枚雌蕊和三個分
叉的柱頭。

圖107. 木油桐 (*Vernicia montana*)。(A) 花枝：由白色花組成的大型花序。(B) 單雄
花。(C) 雌蕊有三個分叉柱頭。(D) 葉柄前端有成對的腺體。(E) 雄蕊。(F, G) 尚未成熟
和成熟的果實。

A
B
C
D
E
F
G

珊瑚樹

Viburnum odoratissimum Ker Gawl.

—— ∞ ——

珊瑚樹 (*Viburnum odoratissimum*；Sweet Viburnum；五福花科)[373]是一種小樹，可達10米 (很少到15米)，常見於香港的年輕次生林[1]。樹上有大型花序 (長達14厘米)，開著細小的香花。每朵花有五塊介乎白色和黃色的花瓣，融合成一條長約2毫米的短管。多種昆蟲都會訪花，蜜蜂、黃蜂、麗蠅 (calliphorid)、粉蝶 (pierid) 和甲蟲等昆蟲[61]都會受到甜美的花香吸引。

果實是小型「核果」(drupes；肉質漿果狀果實，有堅硬的內果壁圍繞著單顆種子)。果實在成熟過程中顏色會明顯變化，未成熟時呈綠色，後來會變成紅色 (圖108 B)，完全成熟時則轉變成藍黑色 (圖108 C)。果實常由鳥類食用[62]，因為這些果實特徵都是鳥類食糧和種子傳播物種的特點。

珊瑚樹似乎較為耐燃，因此通常會種植於本地的防火帶上，協助控制山火[325,374]。種子似乎已經演化出在環境條件不適合發芽時保持休眠的能力。休眠已證實是一種「形態生理學」特點，當中的化學抑制劑可以延緩胚胎發育[375]；只有老種子的化學物質分解後/成熟種子裡的化學物質分解後？，胚胎才能發育，並能夠突破堅韌的種皮。

眾所周知，其他莢迷屬 (*Viburnum*) 樹種的葉片都帶有有毒化合物，可以抑制或阻止鄰近植物生長[376]；這種「相剋作用」(allelopathy) 現象亦見於許多植物，據悉這種特徵是為了減少營養物質的競爭而演化出來。日本漁民傳統上會利用珊瑚樹有毒的葉子作為麻醉劑來毒害魚類；人們將浸泡過的葉子放入封閉的潮汐池，以防止魚類逃逸[377,378]。

圖108. 珊瑚樹 (*Viburnum odoratissimum*)。(A) 花枝：由細小白花組成的大型花序。(B) 單花。(C) 果枝上有剛成熟的紅色果實。(D) 果枝上有完全成熟的藍黑色果實。

簕欓花椒

Zanthoxylum avicennae (Lam.) DC.

(= *Zanthoxylum lentiscifolium* Champ.)

——— ✑ ———

簕欓花椒 (又稱簕欓；*Zanthoxylum avicennae*；Prickly ash；芸香科)[60]本地一種常見樹木，可長至約15米。葉為基數羽狀複葉，有十三至十八片小葉 (有時多達二十五片)，近似白蠟樹 (白蠟樹屬，來自遠緣的木樨科〔Oleaceae[379]〕) 的葉子；英語名稱「Prickly ash」既能反映兩者相似程度，亦能突出簕欓花椒有大量刺狀樹枝，明顯與白蠟樹不同。

簕欓花椒花朵細小，生長在大型花序裡。每朵花由五塊綠色萼片和五塊淡黃色花瓣組成。花單性：雄花有五枚可孕雄蕊和一塊不孕心皮 (即「退化雌蕊」〔pistillode〕)；而雌花有兩至三塊可孕心皮和細小的不孕雄蕊 (即「退化雄蕊」〔staminodes〕)。

心皮受精後會發育成高度芳香的細小果實，成熟時變成紫紅色。雖然果實不適用於烹飪，但花椒屬其他物種是川椒的來源，川椒有刺鼻的胡椒味，形成川菜特有的輕微麻辣感覺。目前簕欓花椒果實是藥理學研究的重點，用以發展抗炎藥[380]。

簕欓花椒果實在成熟時裂開，露出有光澤的黑色種子，種子會仍然懸掛在果壁上。鳥類會食用果實，因此是種子的有效傳播者[103]。

圖109. 簕欓花椒 (*Zanthoxylum avicennae*)。(A) 花枝：花序由小花組成。(B) 雄花。(C) 雌花。(D) 果序由小果實組成。(E) 成熟的果實裂開，露出種子。

A
B
C
D
E

詞彙表

——∾——

背軸 (Abaxial)。表面在發育過程中背向縱軸 (即葉底)。

槲果；橡實 (Acorn)。這種乾燥果實帶有一枚堅果 (詳見)，嵌套在殼斗基部 (詳見) 中 (例如柯〔*Lithocarpus glaber*〕的果實)。

向軸 (Adaxial)。表面在發育過程中朝向縱軸 (即葉面)。

相剋作用 (Allelopathy)。某物種對其他物種產生的化學抑制 (例如台灣相思〔*Acacia confusa*〕)。

雄花異株 (Androdioecy; 形容詞androdioecious)。獨立雄花和兩性花生在不同的個體上。

雄花器；雄蕊群 (Androecium)。花朵雄蕊的總稱。

雌雄蕊柄 (Androgynophore)。花托 (詳見) 的延伸，帶有雄蕊和心皮 (例如梭羅樹〔*Reevesia thyrsoidea*〕)。

被子植物 (Angiosperms)。開花植物。

花藥 (Anther)。雄蕊的上部分，帶有花粉，一般由一根細長的花絲承托。

蚜蟲 (Aphids)。蚜蟲科 (Aphididae) 小型吸液昆蟲。

假種皮 (Aril)。種皮外層的肉質延伸部分，作為種子散播者的食物獎勵 (例如耳果相思〔*Acacia auriculiformis*〕)。

Auct. non。拉丁文「*auctores non*」(作者不是) 的縮寫：通常用於引用種名之後，表示名稱的用法與分類學家創造名稱時不同。

葉腋 (Axil)。莖和葉 (或其他器官) 之間的角度。

腋生 (Axillary)。指器官的位置在葉腋下 (詳見)。

漿果 (Berry)。不裂開的肉質果實，內有一個或多個種子；漿果與核果(詳見)的分別在於前者沒有堅韌的內果壁。

雙名法 (Binomial)。物種的學名由兩部分組成，即屬名和種小名 (詳見)。

二回羽狀花序 (Bipinnate)。由小葉 (羽片) 組成，再可分為高階小葉。

雙孢子囊 (Bisporangiate)。(雄蕊) 有兩個花粉室。

苞片 (Bract)。一種特化的 (通常是高度縮小的) 葉狀結構。

麗蠅 (Calliphorid flies)。麗蠅科 (Calliphoridae) 的蒼蠅，例如反吐麗蠅 (blue-bottles)。

花萼 (Calyx)。花朵中萼片的統稱。

蒴果 (Capsule)。由幾塊心皮融合而成的乾燥果實，成熟時裂開釋放種子。

心皮 (Carpel)。花中的雌性生殖器官 (包括柱頭、花柱和子房)，有時會互相融合，形成雌蕊 (詳見)。

種阜 (Caruncle)。一種假種皮 (詳見)：肉質的種皮生長物，與動物散播種子的現象有關 (例如土沉香〔*Aquilaria sinensis*〕有種阜)。

葉綠素 (Chlorophyll)。植物細胞中的綠色色素，能進行光合作用。

複葉 (Compound leaf)。一片葉子被細分為更細小的單位 (小葉或羽葉)。

花冠 (Corolla)。花朵中花瓣的總稱。

子葉 (Cotyledons)。幼苗的第一片形成的葉子 (種子葉的形態一般都和成熟的葉子不同)。

栽培品種 (Cultivar)。透過栽培產生和保持的植物品種 (即並非自然演化的結果)。

殼斗 (Cupule)。杯狀總苞 (詳見) 由融合的苞片形成 (例如鬆蒴錐〔*Castanopsis fissa*〕有殼斗)。

開裂 (Dehiscence)。成熟時結構會裂開 (例如花藥打開釋放花粉粒，果實打開釋放種子)。

雙子葉植物 (Dicotyledons)。擁有兩塊種子葉 (子葉；cotyledons) 的開花植物；英文一般會簡稱其為「dicots」。

雌雄異體 (Dioecy; 形容詞dioecious)。雄花和雌花分別生在不同的個體上。

去氧核糖核酸 (Deoxyribonucleic acid; DNA)。負責攜帶細胞中遺傳信息的複雜分子。

核果 (Drupe)。一種不裂的肉質果實，果壁有堅硬的內層。

地方獨有 (Endemic)。分佈限於一個特定的地理位置。

套皮 (Epimatium; 眾數epimatia)。一種膨脹的附屬物，來自羅漢松屬 (*Podocarpus*) 植物雌性生殖結構裡的胚珠苞片 (例如羅漢松〔*Podocarpus macrophyllus*〕有套皮)。

外來物種 (Exotic)。非原產於特定地理區域的物種 (或其他分類群) (即是由人類活動引入的物種)。

花外 (Extra-floral)。位於花之外 (例如很多大戟科物種的葉片都有花外蜜腺〔Extra-floral nectaries〕)。

科 (Family)。生物分類中的一個類別，由相關的屬 (genera) 組成。

簇生 (Fascicle)。一組相類似的器官。

穗狀體 (Fasciclode)。簇狀不孕雄蕊 (例如黃牛木〔*Cratoxylum cochinchinense*〕便有成簇的不孕雄蕊)。

無花果黃蜂 (Fig wasps)。與無花果相關的小黃蜂，屬於榕小蜂科 (Agaonidae)。

花絲 (Filament)。雄蕊支撐花藥的柄。

花蟲 (Flower bugs)。半翅目 (Hemipteran) 花蝽科 (Anthocoridae) 昆蟲。

膏葖果 (Follicle)。乾燥開裂的果實，發育自單一未融合的心皮。

食果動物 (Frugivore)。一種吃果實的動物 (有助傳播種子)。

風水林 (Fung shui/feng shui woods)。傳統受保護的林地，按照中國堪輿學系統保留在村莊附近。

蟲癭 (Gall)。植物對寄生蟲 (如細菌、真菌和昆蟲) 的反應；蟲癭通常含有昆蟲幼蟲，形狀可成為植物和昆蟲物種的特徵。

癭蚋 (Gall midges)。癭蚋科 (Cecidomyiidae) 的小蒼蠅。不少植物的蟲癭均由癭蚋形成。

配子 (Gamete)。成熟的生殖細胞 (雄性精子或雌性卵子)。

屬 (Genus; 眾數Genera)。生物分類中的一個類別，由相關物種組成。

被子植物 (Gymnosperms)。具有錐體的植物，如松樹 (松屬；*Pinus*)。

雌花器 (Gynoecium)。花朵心皮的總稱。

雌雄同花 (Hermaphroditic)。即植物長有雙性花朵，花朵同時有雄蕊和心皮。

弄蝶 (Hesperiid butterflies)。弄蝶科的蝴蝶，包括弄蝶 (skippers)。

同源性 (Homologous)。結構源自共同祖先，但不一定保留類似的功能或外觀。

花托筒 (Hypanthium)。花托 (詳見) 的杯狀延伸部分，一般是由萼片和花瓣等花器官融合而成 (例如蒲桃〔*Syzygium jambos*〕有花托筒)。

下胚軸 (Hypocotyl)。幼苗的下部，位於種子葉 (子葉〔詳見〕) 的下面。

本地種 (Indigenous)。即物種 (或其他分類群) 原產於某個特定的地理區域 (即並非由人類活動引入)。

下位子房 (Inferior ovary)。即子房位於花被 (perianth) 附著點以下。

花序 (Inflorescence)。即一簇花形成同一結構發展。

果序 (Infructescence)。由花序形成的一簇果實以單一結構一同發展 (例如楓香〔*Liquidambar formosana*〕的果實形成果序)。

總苞 (Involucre)。花或花序基部的一圈或幾圈苞片 (例如紅花荷〔*Rhodoleia championii*〕的花帶有總苞)。

沿岸帶；潮汐帶 (Littoral)。海岸或湖泊邊緣。

灰蝶 (Lycaenid butterflies)。灰蝶科蝴蝶，例如藍灰蝶 (Blues)、灰蝶 (Coppers) 和翠灰蝶 (Hairstreaks)。

單子葉植物 (Monocotyledons)。擁有單一的種子葉 (子葉) 的開花植物；英文一般會簡稱其為「monocots」。

雌雄同體 (Monoecy; 形容詞monoecious)。獨立的雄花和雌花會生在同一個體上。

互利共生；互依共存 (Mutualism)。一種共生關係 (詳見)，當中兩種不同的生物體共存對彼此都有好處 (例如榕屬〔*ficus*〕植物和無花果黃蜂之間有互利共生的關係)。

歸化 (Naturalised)。非原生物種在當地成功發展起來。

蜜腺 (Nectary)。負責分泌花蜜的腺體器官，蜜腺分為花內 (花蜜) 或花外 (花外蜜) 蜜腺。

新熱帶 (Neotropical)。新世界熱帶地區 (即中美洲和南美洲)。

露尾甲蟲 (Nitidulid beetles)。小型的「樹液甲蟲」，屬於露尾甲科 (Nitidulidae)。

結節 (Node)。莖部連接葉子或其他分支的區域。

堅果 (Nut)。一種單種子的果實，有堅韌而乾燥的殼。

蛺蝶 (Nymphalid butterflies)。蛺蝶科的「四足」蝴蝶。

小孔；孔口 (Ostiole)。一個狹窄的開口或結構的孔隙 (例如變葉榕〔*Ficus variolosa*〕的花序頂端有小孔)。

子房。心皮 (Ovary) 或雌蕊的膨脹的基部，含有胚珠。

胚珠 (Ovule)。種子植物中含有卵細胞的一個複雜結構。

珠鱗；雌花鱗 (Ovuliferous scale)。松樹雌性圓錐體的一部分 (例如濕地松〔*Pinus elliottii*〕和馬尾松〔*Pinus massoniana*〕有珠鱗)，含有胚珠。

圓錐花序 (Panicle)。一種有分枝的花序。

鳳蝶 (Papilionid butterflies)。鳳蝶科蝴蝶，例如燕尾蝶 (Swallowtails)。

盾形 (Peltate)。莖部附著在扁平結構的底部 (例如山烏桕〔*Macaranga tanarius*〕葉柄附著在葉片上)。

五數 (Pentamerous)。每五個一組 (通常用於描述花內每輪有多少器官)。

花被 (Perianth)。花萼片和花瓣的統稱。

果皮 (Pericarp)。果壁 (通常帶有肉質)。

葉柄 (Petiole)。一片葉子的柄。

假葉；葉狀柄 (Phyllode)。擴大的葉片 (而非葉子本身) 已經演化成可作光合作用 (例如台灣相思〔*Acacia confusa*〕葉柄衍生出假葉)。

親緣關係學；系統發生學 (Phylogenetics)。重建演化樹的一門科學；當代研究通常會通過比較DNA序列資料重建演化樹。

親緣關係；種系發生 (Phylogeny)。一種演化樹 (evolutionary tree)，顯示不同品系之間的譜系關係。

粉蝶 (Pierid butterflies)。粉蝶科蝴蝶，包括白粉蝶 (Whites) 和黃粉蝶 (Yellows)。

羽片 (Pinna; 眾數pinnae)。小葉 (複葉的一部分)。

雌蕊 (Pistil)。花的雌性生殖器官，由單獨或融合的心皮組成。

雌性 (Pistillate)。帶有雌蕊 (因此雌性花有雌蕊)。

退化雌蕊 (Pistillode)。不孕 (通常是不會發育的) 心皮或雌蕊，經常出現於功能上屬於雄性的花。

花粉粒 (Pollen grain)。雄性孢子，含有形成精子的細胞。

花粉囊 (Pollen sac)。花藥一部分，花粉粒從中發育。

花粉管 (Pollen tube)。發芽花粉粒發展形成的管子，精子可通過管子轉移至胚珠。

仁果；梨果 (Pome)。由帶有下位子房 (詳見) 的花朵衍生出來的一種肉質果實，果壁從花托筒 (詳見) 發育出來 (例如閩粵石楠〔*Photinia benthamiana*〕及商品蘋果和梨的果實)。

原始森林 (Primary forest)。未受過重大干擾的森林 (即原生林或老樹林)。

雄體先熟 (Protandry)。花中雄性器官比雌性更早具備功能，避免花朵出現自我受精的現象。

雌體先熟 (Protogyny)。花中雌性器官比雄性更早具備功能，避免花朵出現自我受精的現象。

中軸 (Rachis; 眾數rachides)。結構的中軸線 (例如葉軸和花序軸)。

花托 (Receptacle)。一朵花中心區域，花的各種器官都附著在上面。

翅果 (Samara)。不裂而有翼的果實，適合隨風傳播 (例如木麻黃〔*Casuarina equisetifolia*〕果實是翅果)。

離果；分果 (Schizocarp)。成熟時會分裂成不同部分的果實 (每部分均衍生自一塊心皮) (例如濱海槭〔*Acer sino-oblongum*〕果實是離果)。

次生林 (Secondary forest)。經重大干擾 (通常是人為) 後重新生長的森林。

二次生長 (Secondary growth)。莖和根向側面增厚，形成寬闊的樹幹。

半下位子房 (Semi-inferior ovary)。花的子房一部分位於花被附著點下方，一部分位於上方。

萼片 (Sepal)。花的外部不孕器官，呈苞片狀。

無柄 (Sessile)。不帶柄 (stalks)。

肉穗花序；佛焰苞花序 (Spadix; 眾數spadices)。一條加厚的花序軸，上有收縮的花，由佛焰苞包圍 (詳見；例如露兜樹〔*Pandanus tectorius*〕的雄株有肉穗花序)。

佛焰苞 (Spathe)。一塊包圍著佛焰苞花序的大型苞片 (詳見；例如露兜樹〔*Pandanus tectorius*〕的雄株有佛焰苞)。

品種；物種 (Species)。生物分類中的基本分類單位。物種名稱由兩部分組成：屬名和種小名 (詳見)。

種小名 (Specific epithet)。物種名稱中的第二部分 (一般為形容詞)。

孢子囊 (Sporangium; 眾數sporangia)。產生孢子 (包括花粉粒) 的結構。

孢子葉 (Sporophyll)。一種可孕的葉狀結構，例如雄性松果 (松屬物種〔*Pinus* species〕) 有孢子葉。

天蛾 (Sphingid moths; hawkmoths)。天蛾科昆蟲。

雄蕊 (Stamen)。花的雄性生殖器官，包括花絲上帶有花粉的花藥。

雄性 (Staminate)。花朵有雄蕊 (因此雄性花都有雄蕊)。

退化雄蕊 (Staminode)。不孕 (通常是不發育的) 雄蕊，經常出現於功能上屬於雌性的花。

柱頭 (Stigma)。心皮或雌蕊的上半部分，可接受花粉。

托葉 (Stipule)。許多葉子都有的基部附屬物，呈小葉狀、刺狀或鱗狀 (通常成對)。

氣孔 (Stomata)。葉子表面的小孔，可進行氣體交換。

花柱 (Style)。心皮或雌蕊的伸長部分，連接柱頭和子房。

亞種 (Subspecies)。生物分類中層次較低的分類單位：一個物種的細分。

上位子房 (Superior ovary)。花子房位於花被附著點上方。

隱頭花序；隱花果 (Syconium; 眾數syconia)。無花果物種的特化花序，其中細小、高度收縮的花完全陷入室的內表面 (例如變葉榕〔*Ficus variolosa*〕有隱頭花序)。

共生 (Symbiosis)。兩種不同的生物體之間有彼此共存的關係。這種關係有時只對一種物種有利 (寄生〔parasitism〕)，有時對兩個物種都有利 (互利共生，詳見)。

複果；聚花果；合心皮果 (Syncarp)。一種多胞胎果實，由幾朵花的心皮融合而成 (例如白桂木〔*Artocarpus hypargyreus*〕有複果)。

食蚜虻 (Syrphid flies; Hoverflies)。食蚜虻科昆蟲。

花被片 (Tepal)。花外其中一種不孕器官，用於描述萼片和花瓣未完全分化的結構 (例如大嶼八角〔*Illicium angustisepalum*〕和潤楠屬物種〔*Machilus*〕都有花被片)。

四數 (Tetramerous)。每四個一組 (通常用於描述花內每輪的器官數目)。

四孢子囊 (Tetrasporangiate)。(雄蕊) 有四個含粉室。

薊馬 (Thrips)。纓翅目 (Thysanoptera) 的小型有翅昆蟲。

綿毛的；有密絨毛的 (Tomentose)。形容密布短而柔軟的毛。

胎生植物 (Vivipary)。種子會在母體植物上發芽 (例如木欖〔*Bruguiera gymnorhiza*〕和秋茄樹〔*Kandelia obovata*〕是胎生植物)。

木質部 (Xylem)。植物的維管系統，負責運輸水份和營養物質。

鯊蒴錐的果枝

參考資料

—— ∽ ——

1. X. Zhuang, F. Xing & R. T. Corlett (1997). The tree flora of Hong Kong: distribution and conservation status. *Memoirs of the Hong Kong Natural History Society* 21: 69–126.
2. D. Dudgeon & R. T. Corlett (1994). *Hills and Streams: An Ecology of Hong Kong.* Hong Kong University Press, Hong Kong.
3. Y. Mamiya (1983). Pathology of the pine wilt disease caused by *Bursaphelenchus xylophilus. Annual Review of Phytopathology* 21: 201–220.
4. C. Darwin (1859). *On the Origin of Species by Means of Natural Selection, or The Preservation of Favoured Races in the Struggle for Life.* John Murray, London.
5. S.-X. Yang, J.-B. Yang, L.-G. Lei, D.-Z. Li, H. Yoshino & T. Ikeda (2004). Reassessing the relationships between *Gordonia* and *Polyspora* (Theaceae) based on the combined analysis of molecular data from the nuclear, plastid and mitochondrial genomes. *Plant Systematics and Evolution* 248: 45–55.
6. S. M. Ickert-Bond & J. Wen (2006). Phylogeny and biogeography of Altingiaceae: evidence from combined analysis of five non-coding chloroplast regions. *Molecular Phylogenetics and Evolution* 39: 512–528.
7. Hong Kong Herbarium & South China Botanical Garden (2007–11). *Flora of Hong Kong.* Vols 1–4. Agriculture, Fisheries & Conservation Department, Hong Kong.
8. G. Bentham (1861). *Flora Hongkongensis.* L. Reeve, London.
9. H. F. Hance (1872). Florae Hongkongensis: a compendious supplement to Mr. Bentham's description of the plants of the island of Hong Kong. *Journal of the Linnean Society, Botany* 8: 95–144.
10. S. T. Dunn & W. J. Tutcher (1912). Flora of Kwangtung and Hong Kong (China). *Kew Bulletin of Miscellaneous Information, Additional Series* 10: 1–370.
11. The Angiosperm Phylogeny Group (1998). An ordinal classification for the families of flowering plants. *Annals of the Missouri Botanical Garden* 85: 531–553.
12. The Angiosperm Phylogeny Group (2003). An update of the Angiosperm Phylogeny Group classification for the orders and families of flowering plants: APG II. *Botanical Journal of the Linnean Society* 141: 399–436.
13. The Angiosperm Phylogeny Group (2009). An update of the Angiosperm Phylogeny Group classification for the orders and families of flowering plants: APG III. *Botanical Journal of the Linnean Society* 161: 105–121.
14. The Angiosperm Phylogeny Group (2016). An update of the Angiosperm Phylogeny Group classification for the orders and families of flowering plants: APG IV. *Botanical Journal of the Linnean Society* 181: 1–20.
15. P. Osbeck (1771). *A Voyage to China and the East Indies,* translated by J. R. Forster. Benjamin White, London.
16. J. L. Prévost (1777). *Histoire Générale des Voyages, Nouvelle Collection de Toutes les Relations de Voyages par Mer et par Terre.* Vol. 22. E. van Harrevelt & D. J. Changuion, Amsterdam.
17. R. B. Hinds & G. Bentham (1842). Remarks on the physical aspect, climate, and vegetation of Hong-Kong, China, with an enumeration of plants there collected. *London Journal of Botany* 1: 476–595.

18. B. Seemann (1857). *The Botany of the Voyage of H. M. S. Herald*. L. Reeve, London.

19. D. Dudgeon & R. T. Corlett (2004). *The Ecology and Biodiversity of Hong Kong*. Friends of the Country Parks/Joint Publishing, Hong Kong.

20. J. Hayes (1984). Hong Kong Island before 1841. *Journal of the Royal Asiatic Society, Hong Kong Branch* 24: 105–142.

21. R. T. Corlett (1997). Human impact on the flora of Hong Kong Island. *In:* N. G. Jablonski (ed.), *The Changing Face of East Asia During the Tertiary and Quaternary*, pp. 400–412. Centre of Asian Studies, The University of Hong Kong, Hong Kong.

22. S. Lockhart (1898). *Extracts from a Report by Mr. Stewart Lockhart on the Extension of the Colony of Hong Kong*. Paper laid before the Legislative Council of Hong Kong, 1899.

23. P. C.-C. Lai & K.-L. Yip (2008). Vegetation of Hong Kong: the past, present and future. *In:* Hong Kong Herbarium & South China Botanical Garden (eds), *Flora of Hong Kong*. Vol. 2, pp. xvi–xxiv. Agriculture, Fisheries & Conservation Department, Hong Kong.

24. R. D. Hill (2011). Environmental change in Hong Kong—the last 60 years. *Memoirs of the Hong Kong Natural History Society* 27: 5–62.

25. R. T. Corlett (1999). Environmental forestry in Hong Kong: 1871–1997. *Forest Ecology and Management* 116: 93–105.

26. P. A. Daley (1965). *Forestry and its Place in Natural Resource Conservation in Hong Kong: A Recommendation for Revised Policy*. Agriculture and Fisheries Department, Hong Kong.

27. L. M. Talbot & M. H. Talbot (1965). *Conservation of the Hong Kong Countryside: Summary Report and Recommendation*. Government Printer, Hong Kong.

28. C. Y. Jim & F. Y. Wong (2006). An evaluation of the Country Parks system in Hong Kong since its establishment in 1976. *In:* C. Y. Jim & R. T. Corlett (eds), *Sustainable Management of Protected Areas for Future Generations*, pp. 35–58. Friends of the Country Parks, Hong Kong; World Conservation Union, Gland, Switzerland.

29. H. T. Chang, B. S. Wang, Y. K. Hu, P. X. Bi, Y. H. Chung, Y. Lu & S. X. Yu (1989). The vegetation of Hong Kong. *Acta Scientiarum Naturalium Universitatis Sunyatseni*, supplement 8(2): 1–172.

30. S. L. Thrower (1970). Floristics of the fung shui wood. *In:* L. B. Thrower (ed.), *The Vegetation of Hong Kong: Its Structure and Change*, pp. 57–63. Royal Asiatic Society, Hong Kong Branch, Hong Kong.

31. W. H. Chu & F. W. Xing (1997). A checklist of vascular plants found in *fung shui* woods in Hong Kong. *Memoirs of the Hong Kong Natural History Society* 21: 151–171.

32. P. Kenrick & P. R. Crane (1997). *The Origin and Early Diversification of Land Plants*. Smithsonian Institution Press, Washington.

33. D. E. Soltis, P. S. Soltis, P. K. Endress & M. W. Chase (2005). *Phylogeny and Evolution of Angiosperms*. Sinauer Associates, Sunderland, Massachusetts.

34. N.-H. Xia (2007). Gymnosperms. *In:* Hong Kong Herbarium & South China Botanical Garden (eds), *Flora of Hong Kong*. Vol. 1, pp. 1–15. Agriculture, Fisheries & Conservation Department, Hong Kong.

35. M. Proctor, P. Yeo & A. Lack (1996). *The Natural History of Pollination*. Harper-Collins, London.

36. R. T. Corlett (2004). Flower visitors and pollination in the Oriental (Indomalayan) Region. *Biological Reviews* 79: 497–532.

37. S. Hu, D. L. Dilcher, D. M. Jarzen & D. W. Taylor (2008). Early steps of angiosperm-pollinator coevolution. *Proceedings of the National Academy of Sciences of the United States of America* 105: 240–245.

38. R. W. Spjut (1994). A systematic treatment of fruit types. *Memoirs of the New York Botanical Garden* 70: 1–182.

39. R. T. Corlett (1998). Frugivory and seed dispersal by vertebrates in the Oriental (Indomalayan) Region. *Biological Reviews* 73: 413–448.

40. R. T. Corlett (1998). Frugivory and seed dispersal by birds in Hong Kong shrubland. *Forktail* 13: 23–27.

41. J. McNeill, F. R. Barrie, W. R. Buck, V. Demoulin, W. Greuter, D. L. Hawksworth, P. S. Herendeen, S. Knapp, K. Marhold, J. Prado, W. F. Prud'homme van Reine, G. F. Smith, J. H. Wiersema & N. J. Turland, eds (2012). International code of nomenclature for algae, fungi, and plants. *Regnum Vegetabile* 154: 1–208.

42. S. Sherwood (2005). *A New Flowering: 1000 Years of Botanical Art*. Ashmolean Museum, University of Oxford, Oxford.

43. A. R. Arber (1912). *Herbals: Their Origin and Evolution*. Cambridge University Press, Cambridge.

44. R. Desmond (1987). *A Celebration of Flowers: Two Hundred Years of Curtis's Botanical Magazine*. Royal Botanic Gardens, Kew, London.

45. D.-L. Wu (2008). Mimosaceae. *In:* Hong Kong Herbarium & South China Botanical Garden (eds), *Flora of Hong Kong*. Vol. 2, pp. 36–46. Agriculture, Fisheries & Conservation Department, Hong Kong.

46. N. H. Boke (1940). Histogenesis and morphology of the phyllode in certain species of *Acacia*. *American Journal of Botany* 27: 73–90.

47. V. H. Boughton (1986). Phyllode structure, taxonomy and distribution in some Australian acacias. *Australian Journal of Botany* 34: 663–674.

48. T. Brodribb & R. H. Hill (1993). A physiological comparison of leaves and phyllodes in *Acacia melanoxylon*. *Australian Journal of Botany* 41: 293–305.

49. M. L. So (2004). The occurrence of extrafloral nectaries in Hong Kong plants. *Botanical Bulletin of Academia Sinica* 45: 237–245.

50. D. J. O'Dowd & A. M. Gill (1986). Seed dispersal syndromes in Australian *Acacia*. *In:* D. R. Murray (ed.), *Seed Dispersal*, pp. 87–121. Academic Press, Sydney.

51. R. T. Corlett (2005). Interactions between birds, fruit bats and exotic plants in urban Hong Kong, South China. *Urban Ecosystems* 8: 275–283.

52. S.-H. Lin, S.-Y. Chang & S.-H. Chen (1993). The study of bee-collected pollen loads in Nantou, Taiwan. *Taiwania* 38: 117–133.

53. E. W. S. Lee, B. C. H. Hau & R. T. Corlett (2005). Natural regeneration in exotic tree plantations in Hong Kong, China. *Forest Ecology and Management* 212: 358–366.

54. C.-H. Chou, C.-Y. Fu, S.-Y. Li & Y.-F. Wang (1998). Allelopathic potential of *Acacia confusa* and related species in Taiwan. *Journal of Chemical Ecology* 24: 2131–2150.

55. N.-H. Xia (2008). Aceraceae. *In:* Hong Kong Herbarium & South China Botanical Garden (eds), *Flora of Hong Kong*. Vol. 2, pp. 261–263. Agriculture, Fisheries & Conservation Department, Hong Kong.

56. K. Matsui (1991). Pollination ecology of four *Acer* species in Japan with special reference to bee pollinators. *Plant Species Biology* 6: 117–120.

57. M. G. Harrington, K. J. Edwards, S. A. Johnson, M. W. Chase & P. A. Gadek (2005). Phylogenetic inference in Sapindaceae *sensu lato* using plastid *matK* and *rbcL* DNA sequences. *Systematic Botany* 30: 366–382.

58. A. N. Muellner-Riehl, A. Weeks, J. W. Clayton, S. Buerki, L. Nauheimer, Y.-C. Chiang, S. Cody & S. K. Pell (2016). Molecular phylogenetics and molecular clock dating of Sapindales based on plastid *rbcL*, *atpB* and *trnL-trnF* DNA sequences. *Taxon* 65: 1019–1036.

59. S. Buerki, P. P. Lowry II, N. Alvarez, S. G. Razafimandimbison, P. Küpfer & M. W. Callmander (2010). Phylogeny and circumscription of Sapindaceae revisited: molecular sequence data, morphology, and biogeography support recognition of a new family, Xanthoceraceae. *Plant Ecology and Evolution* 143: 148–159.

60. N.-H. Xia (2008). Rutaceae. *In:* Hong Kong Herbarium & South China Botanical Garden (eds), *Flora of Hong Kong*. Vol. 2, pp. 273–286. Agriculture, Fisheries & Conservation Department, Hong Kong.

61. R. T. Corlett (2001). Pollination in a degraded tropical landscape: a Hong Kong case study. *Journal of Tropical Ecology* 17: 155–161.

62. R. T. Corlett (1996). Characteristics of vertebrate-dispersed fruits in Hong Kong. *Journal of Tropical Ecology* 12: 819–833.

63. I. W. P. Ko, R. T. Corlett & R.-J. Xu (1998). Sugar composition of wild fruits in Hong Kong, China. *Journal of Tropical Ecology* 14: 381–387.

64. M. Luckow & J. Grimes (1997). A survey of the anther glands in the mimosoid legume tribes Parkieae and Mimoseae. *American Journal of Botany* 84: 285–297.

65. T. C. de Barros & S. P. Teixeira (2016). Revisited anatomy of anther glands in mimosoids (Leguminosae). *International Journal of Plant Sciences* 177: 18–33.

66. L. van der Pijl (1982). *Principles of Dispersal in Higher Plants*. 3rd ed. Springer-Verlag, Berlin.

67. Q.-M. Hu (2009). Rubiaceae. *In:* Hong Kong Herbarium & South China Botanical Garden (eds), *Flora of Hong Kong*. Vol. 3, pp. 203–240. Agriculture, Fisheries & Conservation Department, Hong Kong.

68. H. N. Ridley (1930). *The Dispersal of Plants Throughout the World*. L. Reeve, Ashford, Kent.

69. Y.-F. Deng & N.-H. Xia (2007). Theaceae. *In:* Hong Kong Herbarium & South China Botanical Garden (eds), *Flora of Hong Kong*. Vol. 1, pp. 178–193. Agriculture, Fisheries & Conservation Department, Hong Kong.

70. T. Min (T.-L. Ming) & B. Bartholomew (2007). Theaceae. *In:* Z. Y. Wu, P. H. Raven & D. Y. Hong (eds), *Flora of China*. Vol. 12, pp. 366–478. Science Press, Beijing; Missouri Botanical Garden, St Louis.

71. J. Schönenberger, A. A. Anderberg & K. J. Sytsma (2005). Molecular phylogenetics and patterns of floral evolution in the Ericales. *International Journal of Plant Sciences* 166: 265–288.

72. X.-S. Yu (2012). Textual Research on Yang Tong (楊桐, *Adinandra millettii*), Hai Tong (海桐, *Pittosporum tobira*) and Chai Tong (拆桐). *Journal of Beijing Forestry University (Social Sciences)* 11: 24–27.

73. N.-H. Xia (2008). Alangiaceae. *In:* Hong Kong Herbarium & South China Botanical Garden (eds), *Flora of Hong Kong*. Vol. 2, p. 164. Agriculture, Fisheries & Conservation Department, Hong Kong.

74. J. V. LaFrankie (2010). *Trees of Tropical Asia: An Illustrated Guide to Diversity*. Black Tree Publications, San Fernando, La Union, Philippines.

75. J. A. Duke & E. S. Ayensu (1985). *Medicinal Plants of China*. Reference Publications, Algonac, Michigan, USA.

76. W. Tang & G. Eisenbrand (1992). *Chinese Drugs of Plant Origin: Chemistry, Pharmacology, and Use in Traditional and Modern Medicine*. Springer-Verlag, Berlin & Heidelberg, Germany.

77. P.-T. Li (2008). Euphorbiaceae. *In:* Hong Kong Herbarium & South China Botanical Garden (eds), *Flora of Hong Kong.* Vol. 2, pp. 194–237. Agriculture, Fisheries & Conservation Department, Hong Kong.

78. H. Krisnawati, M. Kallio & M. Kanninen (2011). *Aleurites moluccana (L.) Willd.: Ecology, Silviculture and Productivity.* Center for International Forestry Research, Bogor, Indonesia.

79. M.-H. Ho (1981). *Hong Kong Poisonous Plants.* The Urban Council, Hong Kong.

80. C. Y. Jim (1990). *Trees in Hong Kong: Species for Landscape Planting.* Hong Kong University Press, Hong Kong.

81. V. Grant (1950). The protection of ovules in flowering plants. *Evolution* 4: 179–201.

82. R.-J. Zhang & J. Schönenberger (2014). Early floral development of Pentaphylacaceae (Ericales) and its systematic implications. *Plant Systematics and Evolution* 300: 1547–1560.

83. R.-J. Wang & R. M. K. Saunders (2007). Annonaceae. *In:* Hong Kong Herbarium & South China Botanical Garden (eds), *Flora of Hong Kong.* Vol. 1, pp. 30–36. Agriculture, Fisheries & Conservation Department, Hong Kong.

84. I. H. Burkill (1935). *A Dictionary of the Economic Products of the Malay Peninsula.* Vol. 1. Crown Agents for the Colonies, London.

85. R. M. K. Saunders (2010). Floral evolution in the Annonaceae: hypotheses of homeotic mutations and functional convergence. *Biological Reviews* 85: 571–591.

86. C.-C. Pang & R. M. K. Saunders (2014). The evolution of alternative mechanisms that promote outcrossing in Annonaceae, a self-compatible family of early-divergent angiosperms. *Botanical Journal of the Linnean Society* 174: 93–109

87. R. M. K. Saunders (2012). The diversity and evolution of pollination systems in Annonaceae. *Botanical Journal of the Linnean Society* 169: 222–244.

88. A. K. van Setten & J. Koek-Noorman (1992). Fruits and seeds of Annonaceae: morphology and its significance for classification and identification. *Bibliotheca Botanica* 142: 1–101 + pl. 1–50.

89. W. Roxburgh (1832). *Flora Indica.* Vol. 3. W. Thacker, Calcutta.

90. A. M. Schot (1995). A synopsis of taxonomic changes in *Aporosa* Blume (Euphorbiaceae). *Blumea* 40: 449–460.

91. A. A. Akers, M. A. Islam & V. Nijman (2013). Habitat characterization of western hoolock gibbons *Hoolock hoolock* by examining home range microhabitat use. *Primates* 54: 341–348.

92. D. S. Hill, P. Hore & I. W. B. Thornton (1982). *Insects of Hong Kong.* Hong Kong University Press, Hong Kong.

93. N.-H. Xia (2008). Thymelaeaceae. *In:* Hong Kong Herbarium & South China Botanical Garden (eds), *Flora of Hong Kong.* Vol. 2, pp. 132–135. Agriculture, Fisheries & Conservation Department, Hong Kong.

94. J. K. L. Yip & P. C. C. Lai (2004). The nationally rare and endangered plant, *Aquilaria sinensis*: its status in Hong Kong. *Hong Kong Biodiversity* 7: 14–16.

95. Y. Liu, H. Chen, Y. Yang, Z. Zhang, J. Wei, H. Meng, W. Chen, J. Feng, B. Gan, X. Chen, Z. Gao, J. Huang, B. Chen & H. Chen (2013). Whole-tree agarwood-inducing technique: an efficient novel technique for producing high-quality agarwood in cultivated *Aquilaria sinensis* trees. *Molecules* 18: 3086–3106.

96. C. Y. Jim (2015). Cross-border itinerant poaching of agarwood in Hong Kong's peri-urban forests. *Urban Forestry and Urban Greening* 14: 420–431.

97. International Union for Conservation of Nature (2015). *The IUCN Red List of Threatened Species.* http://www.iucnredlist.org.

98. South China Institute of Botany & Hong Kong Herbarium (2003). *Rare and Precious Plants of Hong Kong*. Agriculture, Fisheries & Conservation Department, Hong Kong.

99. K.-C. Iu (1983). The cultivation of the "incense tree" (*Aquilaria sinensis*). *Journal of the Royal Asiatic Society, Hong Kong Branch* 23: 247–249.

100. T. Soehartono & A. C. Newton (2001). Reproductive ecology of *Aquilaria* spp. in Indonesia. *Forest Ecology and Management* 152: 59–71.

101. G. Chen, C. Liu & W. Sun (2016). Pollination and seed dispersal of *Aquilaria sinensis* (Lour.) Gilg (Thymelaeaceae): an economic plant species with extremely small populations in China. *Plant Diversity* 38: 227–232.

102. A. Y. S. Ng & B. C. H. Hau (2009). Nodulation of native woody legumes in Hong Kong, China. *Plant and Soil* 316: 35–43.

103. B. C. H. Hau & R. T. Corlett (2002). A survey of trees and shrubs on degraded hillsides in Hong Kong. *Memoirs of the Hong Kong Natural History Society* 25: 83–94.

104. Q.-M. Hu (2007). Myrsinaceae. *In:* Hong Kong Herbarium & South China Botanical Garden (eds), *Flora of Hong Kong*. Vol. 1, pp. 295–305. Agriculture, Fisheries & Conservation Department, Hong Kong.

105. H. Miehe (1911). Die Bakterienknoten an den Blatträndern der *Ardisia crispa* A. DC. *Abhandlungen der Mathematisch-Physischen Classe der Königlich Sächsischen Gesellschaft der Wissenschaften, Leipzig* 32: 399–431.

106. I. M. Miller, I. C. Gardner & A. Scott (1984). Structure and function of trichomes in the shoot tip of *Ardisia crispa* (Thunb.) A. DC. (Myrsinaceae). *Botanical Journal of the Linnean Society* 88: 223–236.

107. I. M. Miller, I. C. Gardner & A. Scott (1983). The development of marginal leaf nodules in *Ardisia crispa* (Thunb.) A. DC. (Myrsinaceae). *Botanical Journal of the Linnean Society* 86: 237–252.

108. I. M. Miller (1990). Bacterial leaf nodule symbiosis. *Advances in Botanical Research* 17: 163–234.

109. D.-L. Wu (2007). Moraceae. *In:* Hong Kong Herbarium & South China Botanical Garden (eds), *Flora of Hong Kong*. Vol. 1, pp. 101–115. Agriculture, Fisheries & Conservation Department, Hong Kong.

110. R. T. Corlett (2011). Seed dispersal in Hong Kong, China: past, present and possible futures. *Integrative Zoology* 6: 97–109.

111. J. W. Purseglove (1968). *Tropical Crops: Dicotyledons*. Vol. 1. Longmans, London.

112. J. Barrow (1831). *The Eventful History of the Mutiny and Piratical Seizure of H. M. S. Bounty: Its Causes and Consequences*. J. Murray, London.

113. C. Alexander (2003). *The Bounty: The True Story of the Mutiny on the Bounty*. Harper Collins, London.

114. N.-H. Xia (2008). Cornaceae. *In:* Hong Kong Herbarium & South China Botanical Garden (eds), *Flora of Hong Kong*. Vol. 2, pp. 165–166. Agriculture, Fisheries & Conservation Department, Hong Kong.

115. R. K. Brummitt (2007). Aucubaceae. *In:* V. H. Heywood, R. K. Brummitt, A. Culham & O. Seberg (eds), *Flowering Plant Families of the World*, pp. 52–53. Firefly Books, Ontario.

116. Q.-Y. Xiang (2016). Aucubaceae. *In:* J. W. Kadereit & V. Bittrich (eds), *The Families and Genera of Vascular Plants*. Vol. 14, pp. 37–40. Springer, Cham, Switzerland.

117. D. E. Soltis, P. S. Soltis, M. W. Chase, M. E. Mort, D. C. Albach, M. Zanis, V. Savolainen, W. H. Hahn, S. B. Hoot, M. F. Fay, M. Axtell, S. M. Swensen, L. M. Price, W. H. Kress, K. C. Nixon & J. S. Farris (2000). Angiosperm phylogeny inferred from 18S rDNA, *rbcL*, and *atp*B sequences. *Botanical Journal of the Linnean Society* 133: 381–461.

118. Q. Zhao, Z. Deng & J. Xu (1991). Natural foods and their ecological implications for *Macaca thibetana* at Mount Emei, China. *Folia Primatologica* 57: 1–15.

119. N.-H. Xia & Y.-F. Deng (2008). Caesalpiniaceae. *In:* Hong Kong Herbarium & South China Botanical Garden (eds), *Flora of Hong Kong.* Vol. 2, pp. 46–59. Agriculture, Fisheries & Conservation Department, Hong Kong.

120. S. T. Dunn (1906). Report on the Botanical and Forestry Department, for the year 1905. *Administration Report [Hong Kong Government]* 1906: 439–452.

121. W. J. Tutcher (1915). Report on the Botanical and Forestry Department for the year 1914. *Administration Report [Hong Kong Government]* 1915: M1–M36.

122. S. T. Dunn (1908). New Chinese plants. *Journal of Botany* 46: 324–326.

123. C. P. Y. Lau, L. Ramsden & R. M. K. Saunders (2005). Hybrid origin of "*Bauhinia blakeana*" (Leguminosae: Caesalpinioideae), inferred using morphological, reproductive, and molecular data. *American Journal of Botany* 92: 525–533.

124. C. Y. Mak, K. S. Cheung, P. Y. Yip & H. S. Kwan (2008). Molecular evidence for the hybrid origin of *Bauhinia blakeana* (Caesalpinioideae). *Journal of Integrative Plant Biology* 50: 111–118.

125. N.-H. Xia (2007). Bombacaceae. *In:* Hong Kong Herbarium & South China Botanical Garden (eds), *Flora of Hong Kong.* Vol. 1, pp. 214–215. Agriculture, Fisheries & Conservation Department, Hong Kong.

126. A. Bhattacharya & S. Mandal (2000). Pollination biology in *Bombax ceiba* Linn. *Current Science* 79: 1706–1712.

127. A. J. S. Raju, S. P. Rao & K. Rangaiah (2005). Pollination by bats and birds in the obligate outcrosser *Bombax ceiba* L. (Bombacaceae), a tropical dry season flowering tree species in the Eastern Ghats forests of India. *Ornithological Science* 4: 81–87.

128. T. A. Davis & K. O. Mariamma (1965). The three kinds of stamens in *Bombax ceiba* L. (Bombacaceae). *Bulletin du Jardin Botanique de l'État, Bruxelles* 35: 185–211.

129. N.-H. Xia (2008). Rhizophoraceae. *In:* Hong Kong Herbarium & South China Botanical Garden (eds), *Flora of Hong Kong.* Vol. 2, pp. 162–164. Agriculture, Fisheries & Conservation Department, Hong Kong.

130. T. Elmqvist & P. A. Cox (1996). The evolution of vivipary in flowering plants. *Oikos* 77: 3–9.

131. P. B. Tomlinson & P. A. Cox (2000). Systematic and functional anatomy of seedlings in mangrove Rhizophoraceae: vivipary explained? *Botanical Journal of the Linnean Society* 134: 215–231.

132. N.-H. Xia (2009). Verbenaceae. *In:* Hong Kong Herbarium & South China Botanical Garden (eds), *Flora of Hong Kong.* Vol. 3, pp. 80–97. Agriculture, Fisheries & Conservation Department, Hong Kong.

133. M. Kato, Y. Kosaka, A Kawakita, Y. Okuyama, C. Kobayashi, T. Phimminith & D. Thongphan (2008). Plant-pollinator interactions in tropical monsoon forests in Southeast Asia. *American Journal of Botany* 95: 1375–1394.

134. Y. Tu, L. Sun, M. Guo & W. Chen (2013). The medicinal uses of *Callicarpa* L. in traditional Chinese medicine: an ethnopharmacological, phytochemical and pharmacological review. *Journal of Ethnopharmacology* 146: 465–481.

135. W. J. Tutcher (1905). Descriptions of some new species, and notes on other Chinese plants. *Journal of the Linnean Society, Botany* 37: 58–70.

136. F. Xing, S.-C. Ng & L. K. C. Chau (2000). Gymnosperms and angiosperms of Hong Kong. *Memoirs of the Hong Kong Natural History Society* 23: 21–135.

137. P. C.-C. Lai & K.-L. Yip (2009). Flora conservation in Hong Kong: efforts to preserve plant diversity. *In:* Hong Kong Herbarium & South China Botanical Garden (eds), *Flora of Hong Kong.* Vol. 3, pp. xvi–xxiv. Agriculture, Fisheries & Conservation Department, Hong Kong.

138. H. Abe, R. Matsuki, S. Ueno, M. Nashimoto & M. Hasegawa (2006). Dispersal of *Camellia japonica* seeds by *Apodemus speciosus* revealed by maternity analysis of plants and behavioral observation of animal vectors. *Ecological Research* 21: 732–740.

139. K. P. S. Chung & R. T. Corlett (2006). Rodent diversity in a highly degraded tropical landscape: Hong Kong, South China. *Biodiversity and Conservation* 15: 4521–4532.

140. B. Seemann (1859). Synopsis of the genera *Camellia* and *Thea. Transactions of the Linnean Society of London* 22: 337–352 + pls 60–61.

141. J. G. Champion (1853). The Ternstrœmiaceous plants of Hong Kong. *Transactions of the Linnean Society of London* 21: 111–116 + pls 12–13.

142. Q.-M. Hu (2007). Fagaceae. *In:* Hong Kong Herbarium & South China Botanical Garden (eds), *Flora of Hong Kong.* Vol. 1, pp. 126–139. Agriculture, Fisheries & Conservation Department, Hong Kong.

143. B. S. Fey & P. K. Endress (1983). Development and morphological interpretation of the cupule in Fagaceae. *Flora* 173: 451–468.

144. L. L. Forman (1966). On the evolution of cupules in the Fagaceae. *Kew Bulletin* 18: 385–419.

145. Z. B. Zhang, Z. S. Xiao & H. J. Li (2005). Impact of small rodents on tree seeds in temperate and subtropical forests, China. *In:* P. M. Forget, J. E. Lambert, P. E. Hulme & S. B. Vander Wall (eds), *Seed Fate: Predation, Dispersal and Seeding Establishment,* pp. 269–282. CABI, Wallingford, UK.

146. N.-H. Xia (2007). Casuarinaceae. *In:* Hong Kong Herbarium & South China Botanical Garden (eds), *Flora of Hong Kong.* Vol. 1, p. 140. Agriculture, Fisheries & Conservation Department, Hong Kong.

147. L. B. Zhang & N. J. Turland (2013). Equisetaceae. *In:* Z. Y. Wu, P. H. Raven & D. Y. Hong (eds), *Flora of China.* Vol. 2–3, pp. 67–72. Science Press, Beijing; Missouri Botanical Garden, St Louis.

148. J. G. Torrey (1976). Initiation and development of root nodules of *Casuarina* (Casuarinaceae). *American Journal of Botany* 63: 335–344.

149. B. Nagarajan, A. Nicodemus, V. Sivakumar, A. K. Mandal, G. Kumaravelu, R. S. C. Jayaraj, V. N. Bai & R. Kamalakannan (2006). Phenology and control pollination studies in *Casuarina equisetifolia* Forst. *Silvae Genetica* 55: 149–155.

150. D.-L. Wu (2007). Ulmaceae. *In:* Hong Kong Herbarium & South China Botanical Garden (eds), *Flora of Hong Kong.* Vol. 1, pp. 96–100. Agriculture, Fisheries & Conservation Department, Hong Kong.

151. P.-T. Li (2009). Apocynaceae. *In:* Hong Kong Herbarium & South China Botanical Garden (eds), *Flora of Hong Kong.* Vol. 3, pp. 16–30. Agriculture, Fisheries & Conservation Department, Hong Kong.

152. D. J. Radford, A. D. Gillies, J. A. Hinds & P. Duffy (1986). Naturally occurring cardiac glycosides. *The Medical Journal of Australia* 144: 540–544.

153. Y. Gaillard, A. Krishnamoorthy & F. Bevalot (2004). *Cerbera adollam:* a 'suicide tree' and cause of death in the state of Kerala, India. *Journal of Ethnopharmacology* 95: 123–126.

154. R. J. Whittaker & S. H. Jones (1994). The role of frugivorous bats and birds in the rebuilding of a tropical forest ecosystem, Krakatau, Indonesia. *Journal of Biogeography* 21: 245–258.

155. H. Nakanishi (1988). Dispersal ecology of maritime plants in the Ryukyu Islands, Japan. *Ecological Research* 3: 163–173.

156. J. M. B. Smith, H. Heatwole, M. Jones & B. M. Waterhouse (1990). Drift disseminules on cays of the Swain Reefs, Great Barrier Reef, Australia. *Journal of Biogeography* 17: 5–17.

157. S. L. Thrower (1988). *Hong Kong Trees*. The Urban Council, Hong Kong.

158. Y. Yang & D.-Z. Fu (2007). Lauraceae. *In:* Hong Kong Herbarium & South China Botanical Garden (eds), *Flora of Hong Kong*. Vol. 1, pp. 37–54. Agriculture, Fisheries & Conservation Department, Hong Kong.

159. A. Moqrich, S. W. Hwang, T. J. Earley, M. J. Petrus, A. N. Murray, K. S. R. Spencer, M. Andahazy, G. M. Story & A. Patapoutian (2005). Impaired thermosensation in mice lacking TRPV3, a heat and camphor sensor in the skin. *Science* 307: 1468–1472.

160. D.-L. Wu (2007). Clusiaceae (Guttiferae). *In:* Hong Kong Herbarium & South China Botanical Garden (eds), *Flora of Hong Kong*. Vol. 1, pp. 196–200. Agriculture, Fisheries & Conservation Department, Hong Kong.

161. N. K. B. Robson (2007). Clusiaceae. *In:* V. H. Heywood, R. K. Brummitt, A. Culham & O. Seberg (eds), *Flowering Plant Families of the World*, pp. 103–104. Firefly Books, Ontario.

162. X. Li, J. Li, N. K. B. Robson & P. F. Stevens (2007). Clusiaceae (Guttiferae). *In:* Z. Y. Wu, P. H. Raven & D. Y. Hong (eds), *Flora of China*. Vol. 13, pp. 1–47. Science Press, Beijing; Missouri Botanical Garden, St Louis.

163. A. Y. Y. Au, R. T. Corlett & B. C. H. Hau (2006). Seed rain into upland plant communities in Hong Kong, China. *Plant Ecology* 186: 13–22.

164. K. C. Nixon (1993). Infrageneric classification of *Quercus* (Fagaceae) and typification of sectional names. *Annales des Sciences Forestières* 50 (supplement 1): 25–34.

165. D.-L. Wu (2008). Fabaceae (Papilionaceae). *In:* Hong Kong Herbarium & South China Botanical Garden (eds), *Flora of Hong Kong*. Vol. 2, pp. 59–119. Agriculture, Fisheries & Conservation Department, Hong Kong.

166. X. Zhang (2011). *Chinese Furniture*. Cambridge University Press, Cambridge.

167. World Conservation Monitoring Centre (1998). *Dalbergia odorifera. The IUCN Red List of Threatened Species* 1998: e.T32398A9698077.

168. D.-L. Wu (2007). Daphniphyllaceae. *In:* Hong Kong Herbarium & South China Botanical Garden (eds), *Flora of Hong Kong*. Vol. 1, pp. 95–96. Agriculture, Fisheries & Conservation Department, Hong Kong.

169. A. M. C. Tang, R. T. Corlett & K. D. Hyde (2005). The persistence of ripe fleshy fruits in the presence and absence of frugivores. *Oecologia* 142: 232–237.

170. J. F. Ma, P. R. Ryan & E. Delhaize (2001). Aluminium tolerance in plants and the complexing role of organic acids. *Trends in Plant Science* 6: 273–278.

171. P. K. Endress (1994). *Diversity and Evolutionary Biology of Tropical Flowers*. Cambridge University Press, Cambridge.

172. J. Léandri (1933). Sur la station d'origine de *Poinciana regia* Boj. *Bulletin du Muséum d'Histoire Naturelle, Paris*, série 2, 5: 413–414.

173. D. J. Du Puy, P. B. Phillipson & R. Rabevohitra (1995). The genus *Delonix* (Leguminosae: Caesalpinioideae: Caesalpinieae) in Madagascar. *Kew Bulletin* 50: 445–475.

174. M. T. K. Arroyo (1981). Breeding systems and pollination biology in Leguminosae. *In:* R. M. Polhill & P. H. Raven (eds), *Advances in Legume Systematics.* Part 2, pp. 723–769. Royal Botanic Gardens, Kew.

175. N.-H. Xia (2008). Sapindaceae. *In:* Hong Kong Herbarium & South China Botanical Garden (eds), *Flora of Hong Kong.* Vol. 2, pp. 257–261. Agriculture, Fisheries & Conservation Department, Hong Kong.

176. W. K. Choo & S. Ketsa (1991). *Dimocarpus longan* Lour. *In:* E. W. M. Verheij & R. E. Coronel (eds), *Plant Resources of South-East Asia. No. 2, Edible Fruits and Nuts,* pp. 146–151. Pudoc, Wageningen.

177. C. A. McConchie, V. Vithanage & D. J. Batten (1994). Intergeneric hybridisation between Litchi (*Litchi chinensis* Sonn.) and Longan (*Dimocarpus longan* Lour.). *Annals of Botany* 74: 111–118.

178. B. Yang, Y. Jiang, J. Shi, F. Chen & M. Ashraf (2011). Extraction and pharmacological properties of bioactive compounds from longan (*Dimocarpus longan* Lour.) fruit—a review. *Food Research International* 44: 1837–1842.

179. N.-H. Xia (2007). Ebenaceae. *In:* Hong Kong Herbarium & South China Botanical Garden (eds), *Flora of Hong Kong.* Vol. 1, pp. 284–286. Agriculture, Fisheries & Conservation Department, Hong Kong.

180. L. S. Contreras & N. R. Lersten (1984). Extrafloral nectaries in Ebenaceae: anatomy, morphology, and distribution. *American Journal of Botany* 71: 865–872.

181. P. H. Wan (2009). *The Role of Masked Palm Civet* (Paguma larvata*) and Small Indian Civet* (Viverricula indica*) in Seed Dispersal in Hong Kong, China.* PhD thesis, The University of Hong Kong, Hong Kong.

182. T. Otani & E. Shibata (2000). Seed dispersal and predation by Yakushima macaques, *Macaca fuscata yakui,* in a warm temperate forest of Yakushima Island, southern Japan. *Ecological Research* 15: 133–144.

183. H.-H. Su & L.-L. Lee (2001). Food habits of Formosan rock macaques (*Macaca cyclopis*) in Jentse, Northeastern Taiwan, assessed by fecal analysis and behavioral observation. *International Journal of Primatology* 22: 359–377.

184. A. Nakamoto, K. Kinjo & M. Izawa (2009). The role of Orii's flying-fox (*Pteropus dasymallus inopinatus*) as a pollinator and a seed disperser on Okinawa-jima Island, the Ryukyu Archipelago, Japan. *Ecological Research* 24: 405–414.

185. Z. Luo & R. Wang (2008). Persimmon in China: domestication and traditional utilizations of genetic resources. *Advances in Horticultural Science* 22: 239–243.

186. I. Soerianegara, D. S. Alonzo, S. Sudo & M. S. M. Sosef (1995). *Diospyros* L. *In:* R. H. M. J. Lemmens, I. Soerianegara & W. C. Wong (eds), *Plant Resources of South-East Asia. No. 5(2), Timber Trees: Minor Commercial Timbers,* pp. 185–205. Backhuys, Leiden.

187. N.-H. Xia (2007). Elaeocarpaceae. *In:* Hong Kong Herbarium & South China Botanical Garden (eds), *Flora of Hong Kong.* Vol. 1, pp. 200–203. Agriculture, Fisheries & Conservation Department, Hong Kong.

188. W. J. Baker, M. J. E. Coode, J. Dransfield, S. Dransfield, M. M. Harley, P. Hoffman & R. J. Johns (1998). Patterns of distribution of Malesian vascular plants. *In:* R. Hall & J. D. Holloway (eds), *Biogeography and Geological Evolution of SE Asia,* pp. 243–258. Backhuys, Leiden.

189. S. A. Guerrero & P. C. van Welzen (2011). Revision of Malesian *Endospermum* (Euphorbiaceae) with notes on phylogeny and historical biogeography. *Edinburgh Journal of Botany* 68: 443–482.

190. J. Schaeffer (1971). Revision of the genus *Endospermum* Bth. (Euphorbiaceae). *Blumea* 19: 171–192.

191. N.-H. Xia (2007). Juglandaceae. *In:* Hong Kong Herbarium & South China Botanical Garden (eds), *Flora of Hong Kong.* Vol. 1, pp. 124–125. Agriculture, Fisheries & Conservation Department, Hong Kong.

192. P. S. Manos & D. E. Stone (2001). Evolution, phylogeny, and systematics of the Juglandaceae. *Annals of the Missouri Botanical Garden* 88: 231–269.

193. S.-C. Ng (2007). Ericaceae. *In:* Hong Kong Herbarium & South China Botanical Garden (eds), *Flora of Hong Kong.* Vol. 1, pp. 272–281. Agriculture, Fisheries & Conservation Department, Hong Kong.

194. P. M. Hermann & B. F. Palser (2000). Stamen development in the Ericaceae. I. Anther wall, microsporogenesis, inversion, and appendages. *American Journal of Botany* 87: 934–957.

195. R. T. Corlett (1993). Reproductive phenology of Hong Kong shrubland. *Journal of Tropical Ecology* 9: 501–510.

196. N.-H. Xia & Y.-F. Deng (2008). Rosaceae. *In:* Hong Kong Herbarium & South China Botanical Garden (eds), *Flora of Hong Kong.* Vol. 2, pp. 19–36. Agriculture, Fisheries & Conservation Department, Hong Kong.

197. N. T. Hiep & E. W. M. Verheij (1991). *Eriobotrya japonica* (Thunb.) Lindley. *In:* E. W. M. Verheij & R. E. Coronel (eds), *Plant Resources of South-East Asia. No. 2. Edible Fruits and Nuts,* pp. 161–164. Pudoc, Wageningen.

198. M. L. Badenese, S. Lin, X. Yang, C. Liu & X. Huang (2009). Loquat (*Eriobotrya* Lindl.). *In:* K. M. Folta & S. E. Gardiner (eds), *Plant Genetics and Genomics: Crops and Models.* Vol. 6, *Genetics and Genomics of Rosaceae,* pp. 525–538. Springer, New York.

199. D. P. Abrol (1988). Ecology and behaviour of three bee species pollinating loquat (*Eriobotrya japonica* Lindley). *Proceedings of the Indian National Science Academy B* 54: 161–163.

200. N.-H. Xia (2007). Hamamelidaceae. *In:* Hong Kong Herbarium & South China Botanical Garden (eds), *Flora of Hong Kong.* Vol. 1, pp. 88–95. Agriculture, Fisheries & Conservation Department, Hong Kong.

201. B. S. Carlsward, W. S. Judd, D. E. Soltis, S. Manchester & P. S. Soltis (2011). Putative morphological synapomorphies of Saxifragales and their major subclades. *Journal of the Botanical Research Institute of Texas* 5: 179–196.

202. J. Li, A. L. Bogle & M. J. Donoghue (1999). Phylogenetic relationships in the Hamamelidoideae inferred from sequences of *trn* non-coding regions of chloroplast DNA. *Harvard Papers in Botany* 4: 343–356.

203. P. K. Endress (1993). Hamamelidaceae. *In:* K. Kubitzki, J. G. Rohwer & V. Bittrich (eds), *The Families and Genera of Vascular Plants.* Vol. 2, pp. 322–331. Springer, Cham, Switzerland.

204. D. S. Hill (1967). *Figs* (Ficus *spp.) of Hong Kong.* Hong Kong University Press, Hong Kong.

205. P. W. Lucas & R. T. Corlett (1998). Seed dispersal by long-tailed macaques. *American Journal of Primatology* 45: 29–44.

206. M. Kato, A. Takimura & A. Kawakita (2003). An obligate pollination mutualism and reciprocal diversification in the tree genus *Glochidion* (Euphorbiaceae). *Proceedings of the National Academy of Sciences of the United States of America* 100: 5264–5267.

207. A. Kawakita & M. Kato (2006). Assessment of the diversity and species specificity of the mutualistic association between *Epicephala* moths and *Glochidion* trees. *Molecular Ecology* 15: 3567–3581.

208. T. Okamoto, A. Kawakita & M. Kato (2007). Interspecific variation of floral scent composition in *Glochidion* and its association with host-specific pollinating seed parasite (*Epicephala*). *Journal of Chemical Ecology* 33: 1065–1081.

209. S.-L. Chen & M. G. Gilbert (1994). Verbenaceae. *In:* Z. Y. Wu & P. H. Raven (eds), *Flora of China*. Vol. 17, pp. 1–49. Science Press, Beijing; Missouri Botanical Garden, St Louis.

210. A. J. Paton, D. Springate, S. Suddee, D. Otieno, R. J. Grayer, M. M. Harley, F. Willis, M. S. J. Simmonds, M. P. Powell & V. Savolainen (2004). Phylogeny and evolution of basils and allies (Ocimeae, Labiatae) based on three plastid DNA regions. *Molecular Phylogenetics and Evolution* 31: 277–299.

211. R. de Kok (2012). A revision of the genus *Gmelina* (Lamiaceae). *Kew Bulletin* 67: 293–329.

212. P. V. Bolstad & K. S. Bawa (1982). Self-incompatibility in *Gmelina arborea* L. (Verbenaceae). *Silvae Genetica* 31: 19–21.

213. D.-L. Wu (2007). Sterculiaceae. *In:* Hong Kong Herbarium & South China Botanical Garden (eds), *Flora of Hong Kong*. Vol. 1, pp. 207–213. Agriculture, Fisheries & Conservation Department, Hong Kong.

214. A. J. G. H. Kostermans (1959). A monograph of the genus *Heritiera* Aiton (Sterculiaceae) (including *Argyrodendron* F. v. M. and *Tarrietia* Bl.). *Reinwardtia* 4: 465–583.

215. S.-Y. Hu (2007). Malvaceae. *In:* Hong Kong Herbarium & South China Botanical Garden (eds), *Flora of Hong Kong*. Vol. 1, pp. 215–232. Agriculture, Fisheries & Conservation Department, Hong Kong.

216. S. Liang, R. C. Zhou, S. S. Dong & S. H. Shi (2008). Adaptation to salinity in mangroves: implications on the evolution of salt-tolerance. *Chinese Science Bulletin* 53: 1708–1715.

217. K. Takayama, T. Kajita, J. Murata & Y. Tateishi (2006). Phylogeography and genetic structure of *Hibiscus tiliaceus*—speciation of a pantropical plant sea-drifted seeds. *Molecular Ecology* 15: 2871–2881.

218. H. Kudoh, R. Shimamura, K. Takayama & D. F. Whigham (2006). Consequences of hydrochory in *Hibiscus*. *Plant Species Biology* 21: 127–133.

219. N.-H. Xia & B.-Q. Xu (2007). Flacourtiaceae. *In:* Hong Kong Herbarium & South China Botanical Garden (eds), *Flora of Hong Kong*. Vol. 1, pp. 237–241. Agriculture, Fisheries & Conservation Department, Hong Kong.

220. Q. Yang & S. Zmarzty (2007). Flacourtiaceae. *In:* Z. Y. Wu, P. H. Raven & D. Y. Hong (eds), *Flora of China*. Vol. 13, pp. 112–137. Science Press, Beijing; Missouri Botanical Garden, St Louis.

221. M. W. Chase, S. Zmarzty, M. D. Lledó, K. J. Wurdack, S. M. Swensen & M. F. Fay (2002). When in doubt, put it in Flacourtiaceae: a molecular phylogenetic analysis based on plastid *rbcL* DNA sequences. *Kew Bulletin* 57: 141–181.

222. S.-Y. Hu (2008). Aquifoliaceae. *In:* Hong Kong Herbarium & South China Botanical Garden (eds), *Flora of Hong Kong*. Vol. 2, pp. 182–190. Agriculture, Fisheries & Conservation Department, Hong Kong.

223. A. C. W. Tsang & R. T. Corlett (2005). Reproductive biology of the *Ilex* species (Aquifoliaceae) in Hong Kong, China. *Canadian Journal of Botany* 83: 1645–1654.

224. C.-Y. Hu (1975). In vitro culture of rudimentary embryos of eleven *Ilex* species. *Journal of the American Society for Horticultural Science* 100: 221–225.

225. C.-Y. Hu, F. Rogalski & C. Ward (1979). Factors maintaining *Ilex* rudimentary embryos in the quiescent state and the ultrastructural changes during *in vitro* activation. *Botanical Gazette* 140: 272–279.

226. N.-H. Xia (2007). Illiciaceae. *In:* Hong Kong Herbarium & South China Botanical Garden (eds), *Flora of Hong Kong.* Vol. 1, pp. 65–66. Agriculture, Fisheries & Conservation Department, Hong Kong.

227. N.-H. Xia & R. M. K. Saunders (2008). Illiciaceae. *In:* Z. Y. Wu, P. H. Raven & D. Y. Hong (eds), *Flora of China.* Vol. 7, pp. 32–38. Science Press, Beijing; Missouri Botanical Garden, St Louis.

228. P. K. Endress (2001). The flowers in extant basal angiosperms and inferences on ancestral flowers. *International Journal of Plant Sciences* 162: 1111–1140.

229. G. Sun, D. L. Dilcher, S. Zheng & Z. Zhou (1998). In search of the first flower: a Jurassic angiosperm, *Archaefructus,* from Northeast China. *Science* 282: 1692–1695.

230. G. Sun, Q. Ji, D. L. Dilcher, S. Zheng, K. C. Nixon & X. Wang (2002). Archaefructaceae, a new basal angiosperm family. *Science* 296: 899–904.

231. J. A. Doyle (2008). Integrating molecular phylogenetic and paleobotanical evidence on origin of the flower. *International Journal of Plant Sciences* 169: 816–843.

232. P. K. Endress & J. A. Doyle (2009). Reconstructing the ancestral angiosperm flower and its initial specializations. *American Journal of Botany* 96: 22–66.

233. N.-H. Xia (2008). Grossulariaceae. *In:* Hong Kong Herbarium & South China Botanical Garden (eds), *Flora of Hong Kong.* Vol. 2, p. 15. Agriculture, Fisheries & Conservation Department, Hong Kong.

234. N.-H. Xia (2008). Hydrangeaceae (incl. Philadelphaceae). *In:* Hong Kong Herbarium & South China Botanical Garden (eds), *Flora of Hong Kong.* Vol. 2, pp. 12–14. Agriculture, Fisheries & Conservation Department, Hong Kong.

235. N.-H. Xia & Y.-F. Deng (2007). Droseraceae. *In:* Hong Kong Herbarium & South China Botanical Garden (eds), *Flora of Hong Kong.* Vol. 1, pp. 234–236. Agriculture, Fisheries & Conservation Department, Hong Kong.

236. M. Fishbein, C. Hibsch-Jetter, D. E. Soltis & L. Hufford (2001). Phylogeny of Saxifragales (angiosperms, eudicots): analysis of a rapid, ancient radiation. *Systematic Biology* 50: 817–847.

237. M. Fishbein & D. E. Soltis (2004). Further resolution of the rapid radiation of Saxifragales (Angiosperms, Eudicots) supported by mixed-model Bayesian analysis. *Systematic Botany* 29: 883–891

238. M. W. Parida & B. Jha (2010). Salt tolerance mechanisms in mangroves: a review. *Trees* 24: 199–217.

239. N. Pi, N. F. Y. Tam, Y. Wu & M. H. Wong (2009). Root anatomy and spatial pattern of radial oxygen loss of eight true mangrove species. *Aquatic Botany* 90: 222–230.

240. M. Yamashiro (1961). Ecological study of *Kandelia candel* (L.) Druce, with special reference to the structure and falling of the seedlings. *Hikobia* 2: 209–214.

241. R. T. Corlett (1992). The naturalized flora of Hong Kong: a comparison with Singapore. *Journal of Biogeography* 19: 421–430.

242. S.-C. Ng & R. T. Corlett (2002). The bad biodiversity: alien plant species in Hong Kong. *Biodiversity Science* 10: 109–118.

243. J. Wen, S. M. Ickert-Bond, Z.-L. Nie & R. Li (2010). Timing and modes of evolution of eastern Asian-North American biogeographic disjunctions in seed plants. *In:* M. Long, H. Gu & Z. Zhou (eds), *Darwin's Heritage Today: Proceedings of the Darwin 200 Beijing International Conference,* pp. 252–269. Higher Education Press, Beijing, China.

244. J. Zachos, M. Pagani, L. Sloan, E. Thomas & K. Billups (2001). Trends, rhythms, and aberration in global climate 65 Ma to present. *Science* 292: 686–693.

245. P. S. Herendeen, P. R. Crane & A. Drinnan (1995). Fagaceous flowers, fruits, and cupules from the Campanian (Late Cretaceous) of central Georgia, USA. *International Journal of Plant Sciences* 156: 93–116.

246. H. J. Sims, P. S. Herendeen & P. R. Crane (1998). New genus of fossil Fagaceae from the Santonian (Late Cretaceous) of central Georgia, USA. *International Journal of Plant Sciences* 159: 391–404.

247. Z. Xiao, Z. Zhang & Y. Wang (2005). Effects of seed size on dispersal distance in five rodent-dispersed fagaceous species. *Acta Oecologica* 28: 221–229.

248. Z. Xiao & Z. Zhang (2006). Nut predation and dispersal of Harland Tanoak *Lithocarpus harlandii* by scatter-hoarding rodents. *Acta Oecologica* 29: 205–213.

249. J. de Loureiro (1790). *Flora Cochinchinensis*. Vol. 2. Academy of Sciences, Lisbon.

250. I. A. Fijridiyanto & N. Murakami (2009). Phylogeny of *Litsea* and related genera (Laureae-Lauraceae) based on analysis of *rpb2* gene sequences. *Journal of Plant Research* 122: 283–298.

251. L.-X. Guo (2011). Arecaceae (Palmae). *In:* Hong Kong Herbarium & South China Botanical Garden (eds), *Flora of Hong Kong*. Vol. 4, pp. 17–27. Agriculture, Fisheries & Conservation Department, Hong Kong.

252. K. H. Tan, A. Zubaid & T. H. Kunz (2000). Fruit dispersal by the Lesser dog-faced fruit bat, *Cynopterus brachyotis* (Muller) (Chiroptera: Pteropodidae). *Malayan Nature Journal* 54: 57–62.

253. C. T. Shek (2006). *A Field Guide to the Terrestrial Mammals of Hong Kong*. Friends of the Country Parks/Cosmos Books, Hong Kong.

254. N.-H. Xia & Y.-B. Guo (2008). Myrtaceae. *In:* Hong Kong Herbarium & South China Botanical Garden (eds), *Flora of Hong Kong*. Vol. 2, pp. 135–147. Agriculture, Fisheries & Conservation Department, Hong Kong.

255. H. K. Kwok & R. T. Corlett (2000). The bird communities of a secondary forest and a *Lophostemon confertus* plantation in Hong Kong, South China. *Forest Ecology and Management* 130: 227–234.

256. X. Zhuang & R. T. Corlett (1996). The conservation status of Hong Kong's tree flora. *Chinese Biodiversity* 4 (supplement): 36–43.

257. B. Fiala & U. Maschwitz (1992). Food bodies and their significance for obligate ant-association in the tree genus *Macaranga* (Euphorbiaceae). *Botanical Journal of the Linnean Society* 110: 61–75.

258. M. Heil, T. Koch, A. Hilpert, B. Fiala, W. Boland & K. E. Linsenmair (2001). Extrafloral nectar production of the ant-associated plant, *Macaranga tanarius*, is an induced, indirect, defensive response elicited by jasmonic acid. *Proceedings of the National Academy of Sciences of the United States of America* 98: 1083–1088.

259. U. Moog, B. Fiala, W. Federle & U. Maschwitz (2002). Thrips pollination of the dioecious ant plant *Macaranga hullettii* (Euphorbiaceae) in Southeast Asia. *American Journal of Botany* 89: 50–59.

260. C. Ishida, M. Kono & S. Sakai (2009). A new pollination system: brood-site pollination by flower bugs in *Macaranga* (Euphorbiaceae). *Annals of Botany* 103: 39–44.

261. H. van der Werff (2001). An annotated key to the genera of Lauraceae in the *Flora Malesiana* region. *Blumea* 46: 125–140.

262. J. G. Rohwer, J. Li, B. Rudolph, S. A. Schmidt, H. van der Werff & H.-W. Li (2009). Is *Persea* (Lauraceae) monophyletic? Evidence from nuclear ribosomal ITS sequences. *Taxon* 58: 1153–1167.

263. L. Li, J. Li, J. G. Rohwer, H. van der Werff, Z.-H. Wang & H.-W. Li (2011). Molecular phylogenetic analysis of the *Persea* group (Lauraceae) and its biogeographic implications on the evolution of tropical and subtropical Amphi-Pacific disjunctions. *American Journal of Botany* 98: 1520–1536.

264. M. F. Willson & M. N. Melampy (1983). The effect of bicolored fruit displays on fruit removal by avian frugivores. *Oikos* 41: 27–31.

265. J. G. Rohwer (2009). The timing of nectar secretion in staminal and staminodial glands in Lauraceae. *Plant Biology* 11: 490–494.

266. N.-H. Xia (2007). Magnoliaceae. *In:* Hong Kong Herbarium & South China Botanical Garden (eds), *Flora of Hong Kong.* Vol. 1, pp. 25–30. Agriculture, Fisheries & Conservation Department, Hong Kong.

267. A. Cronquist (1968). *The Evolution and Classification of Flowering Plants.* Nelson, London.

268. A. L. Tahktajan (1969). *Flowering Plants: Origin and Dispersal,* translated by C. Jeffrey. Oliver & Boyd, Edinburgh.

269. T. S. Elias & A.-C. Sun (1985). Morphology and anatomy of foliar nectaries and associated leaves in *Mallotus* (Euphorbiaceae). *Aliso* 11: 17–25.

270. S. Kitamura, T. Yumoto, P. Poonswad, P. Chuailua, K. Plongmai, T. Maruhashi & N. Noma (2002). Interactions between fleshy fruits and frugivores in a tropical seasonal forest in Thailand. *Oecologia* 133: 559–572.

271. C. E. Turner, T. D. Center, D. W. Burrows & G. R. Buckingham (1998). Ecology and management of *Melaleuca quinquenervia*, an invader of wetlands in Florida, U.S.A. *Wetlands Ecology and Management* 5: 165–178.

272. B. A. Barlow (1988). Patterns of differentiation in tropical species of *Melaleuca* L. (Myrtaceae). *Proceedings of the Ecological Society of Australia* 15: 239–247.

273. J. C. Doran (1999). Cajuput oil. *In:* I. Southwell & R. Lowe (eds), *Tea Tree: The Genus Melaleuca,* pp. 221–233. Harwood, Amsterdam.

274. M. J. Lawes, A. Richards, J. Dathe & J. J. Midgley (2011). Bark thickness determines fire resistance of selected tree species from fire-prone tropical savanna in north Australia. *Plant Ecology* 212: 2057–2069.

275. N.-H. Xia (2007). Tiliaceae. *In:* Hong Kong Herbarium & South China Botanical Garden (eds), *Flora of Hong Kong.* Vol. 1, pp. 203–207. Agriculture, Fisheries & Conservation Department, Hong Kong.

276. A. A. Mar & K. Z. Moe (2014). Plant-pollinator interactions of Bago University campus, Bago Region. *Universities Research Journal [Government of the Republic of the Union of Myanmar Ministry of Education]* 6: 259–274.

277. C.-Y. Zeng, Q.-X. Mei, Y.-Q. Gao, H. Lin, J.-W. Feng & Z.-Y. Ou (2009). Experimental study on the pharmacodynamics in analgesic of water-extract of *Microcos paniculata. Chinese Archives of Traditional Chinese Medicine* 27: 1757–1758.

278. L.-P. Zhang & J.-P. Luo (2008). Overview on pharmaceutical research and clinical application of *Microcos paniculata. Journal of Chinese Medicinal Materials* 31: 935–938.

279. C. Bayer, M. F. Fay, A. Y. de Bruijn, V. Savolainen, C. M. Morton, K. Kubitzki, W. A. Alverson & M. W. Chase (1999). Support for an expanded family concept of Malvaceae within a recircumscribed order Malvales: a combined analysis of plastid *atpB* and *rbcL* DNA sequences. *Botanical Journal of the Linnean Society* 129: 267–303.

280. M. R. Cheek (2007). Sparrmanniaceae. *In:* V. H. Heywood, R. K. Brummitt, A. Culham & O. Seberg (eds), *Flowering Plant Families of the World,* pp. 307–308. Firefly Books, Ontario.

281. N.-H. Xia (2007). Myricaceae. *In:* Hong Kong Herbarium & South China Botanical Garden (eds), *Flora of Hong Kong.* Vol. 1, pp. 125–126. Agriculture, Fisheries & Conservation Department, Hong Kong.

282. R.-Q. Li, Z.-D. Chen, A.-M. Lu, D. E. Soltis, P. S. Soltis & P. S. Manos (2004). Phylogenetic relationships in Fagales based on DNA sequences from three genomes. *International Journal of Plant Sciences* 165: 311–324.

283. T. Hiyoshi, H. Sasakawa & M. Yatazawa (1988). Isolation of *Frankia* strains from root nodules of *Myrica rubra. Soil Science and Plant Nutrition* 34: 107–116.

284. H.-L. Li, W. Wang, P. E. Mortimer, R.-Q. Li, D.-Z. Li, K. D. Hyde, J.-C. Xu, D. E. Soltis & Z.-D. Chen (2015). Large-scale phylogenetic analyses reveal multiple gains of actinorhizal nitrogen-fixing symbioses in angiosperms associated with climate change. *Scientific Reports* 5: art. 14023.

285. Z.-L. Li, S.-L. Zhang & D.-M. Chen (1992). Red bayberry (*Myrica rubra* Sieb. & Zucc.): a valuable evergreen tree fruit for tropical and subtropical areas. *Acta Horticulturae* 321: 112–121.

286. W. J. Hooker & G. A. W. Arnott (1841). *The Botany of Captain Beechey's Voyage.* Henry G. Bohn, London.

287. B.-Q. Xu & N.-H. Xia (2009). Oleaceae. *In:* Hong Kong Herbarium & South China Botanical Garden (eds), *Flora of Hong Kong.* Vol. 3, pp. 124–133. Agriculture, Fisheries & Conservation Department, Hong Kong.

288. S.-J. Pei & G.-W. Hu (2013). Other important economic plants. *In:* D.-Y. Hong & S. Blackmore (eds), *Plants of China: A Companion to the* Flora of China, pp. 383–396. Cambridge University Press, Cambridge.

289. H. Ômura, K. Honda & N. Hayashi (2000). Floral scent of *Osmanthus fragrans* discourages foraging behavior of cabbage butterfly, *Pieris rapae. Journal of Chemical Ecology* 26: 655–666.

290. Q.-M. Hu (2008). Rhamnaceae. *In:* Hong Kong Herbarium & South China Botanical Garden (eds), *Flora of Hong Kong.* Vol. 2, pp. 238–242. Agriculture, Fisheries & Conservation Department, Hong Kong.

291. D. O. Burge & S. R. Manchester (2008). Fruit morphology, fossil history, and biogeography of *Paliurus* (Rhamnaceae). *International Journal of Plant Sciences* 169: 1066–1085.

292. H. Nakanishi (1985). Geobotanical and ecological studies on three semi-mangrove plants in Japan. *Japanese Journal of Ecology* 35: 85–92.

293. D.-L. Wu (2011). Pandanaceae. *In:* Hong Kong Herbarium & South China Botanical Garden (eds), *Flora of Hong Kong.* Vol. 4, pp. 27–29. Agriculture, Fisheries & Conservation Department, Hong Kong.

294. P. A. Cox (1990). Pollination and the evolution of breeding systems in Pandanaceae. *Annals of the Missouri Botanical Garden* 77: 816–840.

295. M. A. B. Lee (1985). The dispersal of *Pandanus tectorius* by the land crab *Cardisoma carnifex. Oikos* 45: 169–173.

296. L. A. Boodle (1923). The bacterial nodules of the Rubiaceae. *Bulletin of Miscellaneous Information* 1923: 346–348.

297. N. Grobbelaar & E. G. Groenewald (1974). Nitrogen fixation by nodulated species of *Pavetta* and *Psychotria. Zeitschrift für Pflanzenphysiologie* 73: 103–108.

298. N. R. Lersten (1975). Colleter types in Rubiaceae, especially in relation to the bacterial leaf nodule symbiosis. *Botanical Journal of the Linnean Society* 71: 311–319.

299. I. von Teichman, P. J. Robbertse & C. F. van der Merwe (1982). Contributions to the floral morphology and embryology of *Pavetta gardeniifolia* A. Rich. Part 2. The ovule and megasporogenesis. *South African Journal of Botany* 1: 22–27.

300. N.-H. Xia (2007). Pentaphylacaceae. *In:* Hong Kong Herbarium & South China Botanical Garden (eds), *Flora of Hong Kong.* Vol. 1, pp. 195–196. Agriculture, Fisheries & Conservation Department, Hong Kong.

301. R. C. Evans & T. A. Dickinson (2005). Floral ontogeny and morphology in *Gillenia* ("Spiraeoideae") and subfamily Maloideae C. Weber (Rosaceae). *International Journal of Plant Sciences* 166: 427–447.

302. Y. Xiang, C.-H. Huang, Y. Hu, J. Wen, S. Li, T. Yi, H. Chen, J. Xiang & H. Ma (2017). Evolution of Rosaceae fruit types based on nuclear phylogeny in the context of geological times and genome duplication. *Molecular Biology and Evolution* 34: 262–281.

303. S. Prasad, R. Chellam, J. Krishnaswamy & S. P. Goyal (2004). Frugivory of *Phyllanthus emblica* at Rajaji National Park, northwest India. *Current Science* 87: 1188–1190.

304. J. F. Morton (1960). The emblic (*Phyllanthus emblica* L.). *Economic Botany* 14: 119–128.

305. K. Jaijoy, N. Soonthornchareonnon, A. Panthong & S. Sireeratawong (2010). Anti-inflammatory and analgesic activities of the water extract from the fruit of *Phyllanthus emblica* Linn. *International Journal of Applied Research in Natural Products* 3: 28–35.

306. A. Ihantola-Vormisto, J. Summanen, H. Kankaanranta, H. Vuorela, Z. M. Asmawi & E. Moilanen (1997). Anti-inflammatory activity of extracts from leaves of *Phyllanthus emblica*. *Planta Medica* 63: 518–524.

307. N.-H. Xia (2007). Pinaceae. *In:* Hong Kong Herbarium & South China Botanical Garden (eds), *Flora of Hong Kong.* Vol. 1, pp. 3–5. Agriculture, Fisheries & Conservation Department, Hong Kong.

308. S. V. Meyen (1984). Basic features of gymnosperm systematics and phylogeny as evidenced by the fossil record. *The Botanical Review* 50: 1–111.

309. A. B. Leslie (2010). Flotation preferentially selects saccate pollen during conifer pollination. *New Phytologist* 188: 273–279.

310. N.-H. Xia & K.-L. Yip (2007). Podocarpaceae. *In:* Hong Kong Herbarium & South China Botanical Garden (eds), *Flora of Hong Kong.* Vol. 1, pp. 9–11. Agriculture, Fisheries & Conservation Department, Hong Kong.

311. P. B. Tomlinson (1994). Functional morphology of saccate pollen in conifers with special reference to Podocarpaceae. *International Journal of Plant Sciences* 155: 699–715.

312. P. B. Tomlinson, J. E. Braggins & J. A. Rattenbury (1991). Pollination drop in relation to cone morphology in Podocarpaceae: a novel reproductive mechanism. *American Journal of Botany* 78: 1289–1303.

313. G. Gelbart & P. von Aderkas (2002). Ovular secretions as part of pollination mechanisms in conifers. *Annals of Forest Science* 59: 345–357.

314. H. Nakanishi (1996). Fruit color and fruit size of bird-disseminated plants in Japan. *Vegetatio* 123: 207–218.

315. C. P. Y. Lau & L. Ramsden (2011). Floral biology and breeding system of *Polyspora axillaris* (*Gordonia axillaris*). *Memoirs of the Hong Kong Natural History Society* 27: 83–94.

316. X.-Y. Zhuang & R. T. Corlett (2000). Survival and growth of native tree seedlings in secondary forest of Hong Kong. *Journal of Tropical and Subtropical Botany* 8: 291–300.

317. B. C. H. Hau & K. Y. So (2002). Using native tree species to restore degraded hillsides in Hong Kong, China. *In:* H. C. Sim, S. Appanah & P. B. Durst (eds), *Proceedings of an International Conference on Bringing Back the Forests: Policies and Practices for Degraded Lands and Forests, Kuala Lumpur, Malaysia, 7–10 October 2002,* pp. 179–190. Food and Agriculture Organization of the United Nations, Bangkok.

318. M. A. Vincent (2005). On the spread and current distribution of *Pyrus calleryana* in the United States. *Castanea* 70: 20–31.

319. J. Decaisne (1872). *Le Jardin Fruitier du Museum.* Vol. 1, tab. 8. Firmin Didot, Paris.

320. T. M. Culley & N. A. Hardiman (2009). The role of intraspecific hybridization in the evolution of invasiveness: a case study of the commercial pear tree *Pyrus calleryana. Biological Invasions* 11: 1107–1119.

321. N. A. Hardiman & T. M. Culley (2010). Reproductive success of cultivated *Pyrus calleryana* (Rosaceae) and establishment ability of invasive, hybrid progeny. *American Journal of Botany* 97: 1698–1706.

322. K. A. Schierenbeck & N. C. Ellstrand (2009). Hybridization and the evolution of invasiveness in plants and other organisms. *Biological Invasions* 11: 1093–1105.

323. J. Lindley (1827). An account of a new genus of plants called *Reevesia. The Quarterly Journal of Science, Literature, and Art* 2(2): 109–112.

324. F.-T. Fan (2004). *British Naturalists in Qing China: Science, Empire, and Cultural Encounter.* Harvard University Press, Cambridge, Massachusetts.

325. K. C. Chau (1994). *The Ecology of Fire in Hong Kong.* PhD thesis, The University of Hong Kong, Hong Kong.

326. L. M. Marafa & K. C. Chau (1999). Effect of hill fire on upland soil in Hong Kong. *Forest Ecology and Management* 120: 97–104.

327. L. Gu, Z. Luo, D. Zhang & S. S. Renner (2010). Passerine pollination of *Rhodoleia championii* (Hamamelidaceae) in subtropical China. *Biotropica* 42: 336–341.

328. W. J. Hooker (1850). *Rhodoleia championi.* Capt. Champion's Rhodoleia. *Curtis's Botanical Magazine,* series 3, 6: tab. 4509.

329. N.-H. Xia (2008). Anacardiaceae. *In:* Hong Kong Herbarium & South China Botanical Garden (eds), *Flora of Hong Kong.* Vol. 2, pp. 264–267. Agriculture, Fisheries & Conservation Department, Hong Kong.

330. S. X. Shao, Z. X. Yang & X. M. Chen (2013). Gall development and clone dynamics of the galling aphid *Schlechtendalia chinensis* (Hemiptera: Pemphigidae). *Journal of Economic Entomology* 106: 1628–1637.

331. P. Liu, Z. X. Yang, X. M. Chen & R. G. Foottit (2014). The effect of the gall-forming aphid *Schlechtendalia chinensis* (Hemiptera: Aphididae) on leaf wing ontogenesis in *Rhus chinensis* (Sapindales: Anacardiaceae). *Annals of the Entomological Society of America* 107: 242–250.

332. S. Aggarwal (2001). *Rhus* L. *In:* J. L. C. H. van Valkenburg & N. Bunyapraphatsara (eds), *Plant Resources of South-East Asia. No. 12(2), Medicinal and Poisonous Plants,* pp. 469–474. Backhuys, Leiden.

333. O. Djakpo & W. Yao (2010). *Rhus chinensis* and *Galla chinensis*—folklore to modern evidence: review. *Phytotherapy Research* 24: 1739–1747.

334. X. Li, X. Yin & S. He (2001). Seed dispersal by frugivorous birds in Nanjing Botanical Garden Mem. Sun Yat-Sen in autumn and winter. *Chinese Biodiversity* 9: 68–72.

335. R. Govaerts, D. G. Frodin & A. Radcliffe-Smith (2000). *World Checklist and Bibliography of Euphorbiaceae (and Pandaceae)*. The Board and Trustees of the Royal Botanic Gardens, Kew.

336. N.-H. Xia (2007). Actinidiaceae. *In:* Hong Kong Herbarium & South China Botanical Garden (eds), *Flora of Hong Kong*. Vol. 1, pp. 194–195. Agriculture, Fisheries & Conservation Department, Hong Kong.

337. K. Momose, T. Yumoto, T. Nagamitsu, M. Kato, H. Nagamasu, S. Sakai, R. D. Harrison, T. Itioka, A. A. Hamid & T. Inoue (1998). Pollination biology in a lowland dipterocarp forest in Sarawak, Malaysia. I. Characteristics of the plant-pollinator community in a lowland dipterocarp forest. *American Journal of Botany* 85: 1477–1501.

338. W. A. Haber & K. S. Bawa (1984). Evolution of dioecy in *Saurauia* (Dilleniaceae). *Annals of the Missouri Botanical Garden* 71: 289–293.

339. J. H. Cane (1993). Reproductive role of sterile pollen in *Saurauia* (Actinidiaceae), a cryptically dioecious Neotropical tree. *Biotropica* 25: 493–495.

340. Y.-F. Deng (2008). Araliaceae. *In:* Hong Kong Herbarium & South China Botanical Garden (eds), *Flora of Hong Kong*. Vol. 2, pp. 291–296. Agriculture, Fisheries & Conservation Department, Hong Kong.

341. N. Pei, Z. Luo, M. A. Schlessman & D. Zhang (2011). Synchronized protandry and hermaphroditism in a tropical secondary forest tree, *Schefflera heptaphylla* (Araliaceae). *Plant Systematics and Evolution* 296: 29–39.

342. G. Gardner (1849). Descriptions of some new genera and species of plants, collected in the Island of Hong-Kong by Capt. J. G. Champion, 95th Regt. *Hooker's Journal of Botany and Kew Garden Miscellany* 1: 240–246.

343. N.-H. Xia (2007). Sapotaceae. *In:* Hong Kong Herbarium & South China Botanical Garden (eds), *Flora of Hong Kong*. Vol. 1, pp. 281–283. Agriculture, Fisheries & Conservation Department, Hong Kong.

344. T. D. Pennington (2004). Sapotaceae. *In:* K. Kubitzki (ed.), *The Families and Genera of Vascular Plants*. Vol. 6, pp. 390–421. Springer, Berlin.

345. J. A. Tully (2011). *The Devil's Milk: A Social History of Rubber*. New York University Press, New York.

346. J. P. Mathews (2009). *Chicle: The Chewing Gum of the Americas, from the Ancient Maya to William Wrigley*. The University of Arizona Press, Tucson, Arizona.

347. S. A. Temple (1977). Plant-animal mutualism: coevolution with dodo leads to near extinction of plant. *Science* 197: 885–886.

348. J. B. Iverson (1987). Tortoises, not dodos, and the Tambalacoque tree. *Journal of Herpetology* 21: 229–230.

349. M. J. E. Coode (1983). A conspectus of *Sloanea* (Elaeocarpaceae) in the Old World. *Kew Bulletin* 38: 347–427.

350. S. Kitamura, S. Suzuki, T. Yumoto, P. Chuailua, K. Plongmai, P. Poonswad, N. Noma, T. Maruhashi & C. Suckasam (2005). A botanical inventory of a tropical seasonal forest in Khao Yai National Park, Thailand: implications for fruit-frugivore interactions. *Biodiversity and Conservation* 14: 1241–1262.

351. E. J. H. Corner (1949). The durian theory or the origin of the modern tree. *Annals of Botany* 13: 367–414.

352. N.-H. Xia & Y.-F. Deng (2007). Styracaceae. *In:* Hong Kong Herbarium & South China Botanical Garden (eds), *Flora of Hong Kong.* Vol. 1, pp. 286–289. Agriculture, Fisheries & Conservation Department, Hong Kong.

353. F.-W. Xing (2007). Symplocaceae. *In:* Hong Kong Herbarium & South China Botanical Garden (eds), *Flora of Hong Kong.* Vol. 1, pp. 290–294. Agriculture, Fisheries & Conservation Department, Hong Kong.

354. J. L. M. Aranha Filho, P. W. Fritsch, F. Almeda & A. B. Martins (2009). Cryptic dioecy is widespread in South American species of *Symplocos* section *Barberina* (Symplocaceae). *Plant Systematics and Evolution* 277: 99–104.

355. Y.-C. Wang & J.-M. Hu (2011). Cryptic dioecy of *Symplocos wikstroemiifolia* Hayata (Symplocaceae) in Taiwan. *Botanical Studies* 52: 479–491.

356. T. G. van Lingen (1991). *Syzygium jambos* (L.) Alston. *In:* E. W. M. Verheij & R. E. Coronel (eds), *Plant Resources of South-East Asia. No. 2. Edible Fruits and Nuts*, pp. 296–298. Pudoc, Wageningen.

357. G. P. C. Leung, B. C. H. Hau & R. T. Corlett (2009). Exotic plant invasion in the highly degraded upland landscape of Hong Kong, China. *Biodiversity and Conservation* 18: 191–202.

358. M. Flanagan (2008). Notes on the genus *Tetradium. Curtis's Botanical Magazine* 5: 181–191.

359. M. R. Weiss (1995). Floral color change: a widespread functional convergence. *American Journal of Botany* 82: 167–185.

360. Z.-L. Nie, H. Sun, Y. Meng & J. Wen (2009). Phylogenetic analysis of *Toxicodendron* (Anacardiaceae) and its biogeographic implications on the evolution of north temperate and tropical intercontinental disjunctions. *Journal of Systematics and Evolution* 47: 416–430.

361. Y.-M. Lin, F.-C. Chen & K.-H. Lee (1989). Hinokiflavone, a cytotoxic principle from *Rhus succedanea* and the cytotoxicity of the related biflavonoids. *Planta Medica* 55: 166–168.

362. D. G. Barceloux (2008). *Medical Toxicology of Natural Substances: Foods, Fungi, Medicinal Herbs, Plants, and Venomous Animals.* Wiley, Hoboken, New Jersey.

363. M. O. Tucker & C. R. Swan (1998). The mango-poison ivy connection. *The New England Journal of Medicine* 339: 235.

364. O. Vogl (2000). Oriental lacquer, poison ivy and drying oils. *Journal of Polymer Science: Part A: Polymer Chemistry* 38: 4327–4335.

365. E. W. S. Lee, B. C. H. Hau & R. T. Corlett (2008). Seed rain and natural regeneration in *Lophostemon confertus* plantations in Hong Kong, China. *New Forests* 35: 119–130.

366. M.-Q. Yang, R. van Velzen, F. T. Bakker, A. Sattarian, D.-Z. Li & T.-S. Yi (2013). Molecular phylogenetics and character evolution of Cannabaceae. *Taxon* 62: 473–485.

367. N.-H. Xia (2008). Staphyleaceae. *In:* Hong Kong Herbarium & South China Botanical Garden (eds), *Flora of Hong Kong.* Vol. 2, pp. 256–257. Agriculture, Fisheries & Conservation Department, Hong Kong.

368. A. J. Harris, P.-T. Chen, X.-W. Xu, J.-Q. Zhang, X. Yang & J. Wen (2017). A molecular phylogeny of Staphyleaceae: implications for generic delimitation and classical biogeographic disjunctions in the family. *Journal of Systematics and Evolution* 55: 124–141.

369. S. L. Simmons (2007). Staphyleaceae. *In:* K. Kubitzki (ed.), *The Families and Genera of Vascular Plants.* Vol. 9, pp. 440–445. Springer, Heidelberg.

370. D. Fairchild (1913). The Chinese wood-oil tree. *U. S. Department of Agriculture Bureau of Plant Industry Circular* 108: 1–7 + pl. 1–3.

371. Y.-H. Chen, J.-H. Chen, C.-Y. Chang & C.-C. Chang (2010). Biodiesel production from tung (*Vernicia montana*) oil and its blending properties in different fatty acid compositions. *Bioresource Technology* 101: 9521–9526.

372. W. Stuppy, P. C. van Welzen, P. Klinratana & M. C. T. Posa (1999). Revision of the genera *Aleurites*, *Reutealis* and *Vernicia* (Euphorbiaceae). *Blumea* 44: 73–98.

373. D.-L. Wu (2009). Caprifoliaceae. *In:* Hong Kong Herbarium & South China Botanical Garden (eds), *Flora of Hong Kong*. Vol. 3, pp. 240–244. Agriculture, Fisheries & Conservation Department, Hong Kong.

374. B. C. H. Hau (2000). Promoting native tree species in land rehabilitation in Hong Kong, China. *In:* S. Elliott, J. Kerby, D. Blakesley, D. Hardwick, K. Woods & V. Anusarnsunthorn (eds), *Forest Restoration for Wildlife Conservation*, pp. 109–120. International Tropical Timber Organization and The Forest Restoration Research Unit, Chiang Mai University, Chiang Mai, Thailand.

375. C. C. Baskin, C.-T. Chien, S.-Y. Chen & J. M. Baskin (2008). Germination of *Viburnum odoratissimum* seeds: a new level of morphophysiological dormancy. *Seed Science Research* 18: 179–184.

376. O. Singh & V. Rattan (2013). Allelopathic effects of *Viburnum nervosum* on seed germination and seedling growth of *Abies pindrow* Spach. *Allelopathy Journal* 32: 113–122.

377. K. Kawazu (1980). Isolation of Vibsanines A, B, C, D, E and F from *Viburnum odoratissimum*. *Agricultural and Biological Chemistry* 44: 1367–1372.

378. J. Takeda (1994). Plant phenology, animal behaviour and food-gathering by the coastal people of the Ryukyu Archipelago. *Humans and Nature* 3: 117–137.

379. B.-Q. Xu & N.-H. Xia (2009). Oleaceae. *In:* Hong Kong Herbarium & South China Botanical Garden (eds), *Flora of Hong Kong*. Vol. 3, pp. 124–133. Agriculture, Fisheries & Conservation Department, Hong Kong.

380. J.-Y. Cho, T.-L. Hwang, T.-H. Chang, Y.-P. Lim, P.-J. Sung, T.-H. Lee & J.-J. Chen (2012). New coumarins and anti-inflammatory constituents from *Zanthoxylum avicennae*. *Food Chemistry* 135: 17–23.

———— ✌ ————

秋季的鹽膚木葉子

吊鐘花的花枝

台灣相思的莢果

關於作者

奔雅 (Sally Grace Bunker)，曾任校長，是植物藝術家協會 (英國) 的成員，目前專注於通過詳細的植物水彩畫插圖記錄香港的樹木植物群。

桑德士 (Richard M. K. Saunders)，曾任香港大學生物科學學院的教授。他的研究重點是亞洲開花植物的多樣性和演化。

彭俊超 (Pang Chun Chiu)，曾任香港大學的博士後研究員。他的研究方向是植物生態學和生態恢復。